Gregg Braden

EL TIEMPO FRACTAL

Si este libro le ha interesado y desea que lo mantengamos informado de nuestras publicaciones, escríbanos indicándonos cuáles son los temas de su interés (Autoayuda, Espiritualidad, Qigong, Naturismo, Enigmas, Terapias Energéticas, Psicología práctica, Tradición...) y gustosamente lo complaceremos.

Puede contactar con nosotros en
comunicación@editorialsirio.com

Título original: FRACTAL TIME
Traducido del inglés por Editorial Sirio
Diseño de portada: Julie Davison
Foto del autor: Melissa Sherman

Publicado inicialmente en ingles en el año 2009 por Hay House Inc., en Estados Unidos.
Para oír la radio de Hay House, conectar con www.hayhouseradio.com

EDITORIAL SIRIO, S.A.
C/ Rosa de los Vientos, 64
Pol. Ind. El Viso
29006-Málaga
España

EDITORIAL SIRIO
Nirvana Libros S.A. de C.V.
Camino a Minas, 501
Bodega nº 8,
Col. Lomas de Becerra
Del.: Alvaro Obregón
México D.F., 01280

ED. SIRIO ARGENTINA
C/ Paracas 59
1275- Capital Federal
Buenos Aires
(Argentina)

www.editorialsirio.com
E-Mail: sirio@editorialsirio.com

I.S.B.N.: 978-84-7808-797-6
Depósito Legal: B-3.108-2012

Impreso en los talleres gráficos de Romanya/Valls
Verdaguer 1, 08786-Capellades (Barcelona)

Printed in Spain

Las antiguas tradiciones consideraban que el tiempo era una danza infinita de ciclos; grandes ondas de energía que vibran en todo el universo, relacionando pasado y futuro en su viaje. La ciencia moderna también parece coincidir en esto. En el lenguaje de la física, el tiempo se fusiona con el espacio por el cual se desplaza, para crear el espacio-tiempo, *ondas en el océano cuántico que hacen posible el universo.*
Un creciente número de evidencias sugiere que las ondas del tiempo, y la historia que albergan en su interior, se repiten como ciclos dentro de ciclos. Cada vez que comienza un nuevo ciclo, contiene las mismas condiciones del pasado, pero con una mayor intensidad. Este tiempo fractal *transforma los acontecimientos del universo y la vida.*
Utilizando un código que apenas estamos comenzando a entender, los antiguos mayas clasificaron el tiempo fractal en una serie de calendarios únicos en la historia del mundo. Puesto que ellos entendían los ciclos, también sabían que las condiciones del futuro están grabadas en los registros del pasado. Esto incluye la misteriosa fecha del fin del ciclo de la pres ente era mundial: 21 de diciembre del 2012.
La clave para entender el 2012, y lo que significa para nosotros en la actualidad, radica en saber «leer» el mapa del tiempo.
Este libro está dedicado a nuestro descubrimiento del tiempo como el lenguaje de nuestro pasado, el mapa de nuestro futuro y del mundo que está por venir.

Introducción

Porque me sumergí en el futuro hasta donde el ojo humano podía ver, vi la visión del mundo y todas las maravillas que podría haber.

LORD ALFRED TENNYSON (1809-1892), poeta

Estamos viviendo el fin del tiempo.

No el fin del mundo, sino el fin de una *era mundial* –un ciclo de 5.125 años– y la forma en que hemos conocido el mundo a través de ese tiempo. La actual era mundial comenzó en el año 3114 a. de C., y terminará en el 2012 d. de C. Como el final de algo también supone el inicio de lo que viene a continuación, estamos viviendo el comienzo de lo que vendrá al final del tiempo: la próxima era mundial, a la que las antiguas tradiciones llamaron el gran ciclo.

Desde los poemas épicos del Mahabharata de la India hasta las tradiciones orales de los indígenas americanos y la narración bíblica de los Hechos, nuestros antepasados sabían que el final del tiempo se aproximaba. Y lo sabían porque siempre ha sucedido así. Cada 5.125 años, la Tierra y nuestro sistema solar llegan a un punto en su recorrido por el universo que marca el fin de dicho ciclo. Y con este fin, empieza también una nueva era mundial.

Durante al menos cuatro de estos ciclos (o cinco, según las tradiciones mesoamericanas de los pueblos azteca y maya), nuestros antepasados resistieron a los cambios climáticos y a las transformaciones de los campos magnéticos terrestres, al agotamiento de recursos y al aumento del nivel del mar que acompañan al fin del tiempo. Lo hicieron sin satélites, Internet u ordenadores que les ayudaran a prepararse para un cambio tan drástico.

El hecho de que sobrevivieran para contar la historia nos ofrece un testimonio de una verdad innegable: nos dice, más allá de toda duda razonable, que los habitantes de nuestro planeta han resistido en el pasado al final de las eras mundiales. Además, nuestros antepasados aprendieron de las dificultades que suelen acompañar a dichos cambios, y se esforzaron al máximo para contarnos qué significa vivir un momento tan poco frecuente en la historia. Tenemos suerte de que lo hayan hecho, porque estos eventos son pocos y muy espaciados. Solo cinco generaciones han experimentado el cambio de una era mundial en los últimos veintiséis mil años, y nosotros seremos la sexta.

La actual era mundial no se desvanecerá simplemente en el ocaso de un tiempo que parece persistir indefinidamente en algún lugar de nuestro futuro. Ocurrirá justamente lo contrario: nuestra era mundial tiene una fecha de vencimiento. Termina en un momento específico, con un suceso determinado, en un día que fue marcado en el calendario hace más de dos mil años. No existe ningún secreto sobre esa fecha. Los mayas, que la calcularon, también la inscribieron como un recordatorio permanente para las generaciones futuras: está grabada en monumentos de piedra que fueron construidos para perdurar hasta el fin del tiempo.

Utilizando el formato del antiguo calendario de *cuenta larga* –el sistema de registro del tiempo que desarrollaron los mayas para llevar el cómputo de períodos extremadamente prolongados–, el último día de la actual era mundial está escrito en un código de cinco partes. Si se leen de izquierda a derecha, estas partes tienen nombres únicos que representan unidades decrecientes de tiempo. La que está situada en el extremo izquierdo es el *baktun,* que representa 144.000 días. Hacia la derecha, el *katun* corresponde a 7.200 días; el *tun,* a 360 días; el *uinal,* a 20 días, y el *kin,* a 1 día.[1] Con este código, el calendario maya ubica la fecha final de nuestra época en 13.0.0.0.0 (trece ciclos de *baktun* y cero ciclos para el resto de las unidades).

El mensaje se aclara si pasamos la fecha a nuestro sistema de medir el tiempo. Nos dice que este ciclo mundial concluirá con el solsticio de invierno que tendrá lugar el 21 de diciembre del 2012, fecha en que la misteriosa cultura maya identificó los asombrosos eventos astronómicos que marcarán el final de nuestra era... y lo hicieron hace más de dos mil años.

Código del tiempo 1: vivimos la conclusión de un ciclo de tiempo de 5.125 años –una era mundial– que los antiguos mayas calcularon que terminaría con el solsticio de invierno del 21 de diciembre del 2012.

Para hacerse una idea de lo excepcional que es el final de este ciclo, hay que tener en cuenta que los últimos seres humanos que presenciaron el paso de una era mundial a otra vivieron en el 3114 a. de C., aproximadamente mil ochocientos años *antes* de la época de Moisés y del éxodo bíblico.

Un nuevo significado del fin del tiempo

Solo recientemente el significado de una era mundial comenzó a tener sentido para los científicos modernos. Aunque la cuenta hacia atrás del fin del tiempo está profundamente grabada en nuestra psique inconsciente (de forma casi universal, personas de todo el planeta comparten la sensación de que algo se está «gestando»), únicamente las condiciones que la harán posible están siendo reconocidas por disciplinas científicas que van de la geología y la oceanografía hasta la astronomía y la climatología.

El motivo por el cual los científicos parecen haber tardado tanto en comprender las posibles implicaciones del 2012 se debe a la falta de tecnología, ya que tan solo en los últimos sesenta años hemos desarrollado ordenadores, satélites y equipos de sensibilidad remota capaces de analizar la relación entre el fin de una era mundial y los cambios que esto produce en nuestras vidas. El clima global, los patrones de guerra y paz, e incluso nuestra relación espiritual con Dios y el universo, parecen estar directamente influenciados por los cambios planetarios que han documentado los mejores científicos de la actualidad.

Del mismo modo que advertimos a las futuras generaciones de nuestra experiencia con las armas nucleares y el calentamiento global durante el siglo XX, las civilizaciones pasadas nos advirtieron sobre su experiencia con el fin del tiempo. Después de haber vivido el fin del último gran ciclo, los antiguos habitantes de la Tierra hicieron lo mismo que hacen los humanos después de un evento épico que cambia el mundo para siempre: registraron los acontecimientos para las futuras generaciones, a fin de que supiéramos qué esperar y cómo prepararnos. Y nuestros antepasados lo hicieron basándose en su experiencia directa.

Hace más de cincuenta y un siglos, se esforzaron al máximo para informarnos y advertirnos sobre lo que sabían que sería una época de transición en un futuro que tan solo podían imaginar. Y esa época es ahora. Entender su mensaje es entender nuestra aventura a través del espacio y el tiempo: todo tiene que ver con los ciclos.

Código del tiempo 2: nuestros antepasados registraron su experiencia del último «fin del tiempo», mostrando más allá de cualquier duda razonable que el final de una era mundial es el comienzo de la siguiente, y no el fin del mundo.

La naturaleza de un ciclo es repetirse. Por tanto, cada vez que termina uno, también es, por definición, el inicio del siguiente. La clave es que, para llegar al comienzo de otro nuevo, el ciclo debe atravesar el fin de lo que ya existe. Aunque esta naturaleza repetitiva resulta obvia a pequeña escala, como las estaciones del año y las fases lunares, no siempre resulta tan evidente cuando hablamos de los ciclos cósmicos de los sistemas solares que se desplazan a través de la galaxia.

Es ahí donde entra en juego el mensaje de nuestros antepasados mayas, quienes reconocieron la naturaleza de los ciclos del tiempo mucho antes de que la ciencia describiera nuestra aventura a través del espacio. Los que llevaban la cuenta del tiempo protegieron lo que sabían e incorporaron su conocimiento a sus relatos sobre el universo y la vida: descripciones no científicas sobre la creación y la destrucción, el nacimiento y la muerte, los comienzos y los finales, que siguen vigentes en la actualidad. Mientras que los aspectos específicos relacionados con el fin del tiempo varían en función de las tradiciones, culturas y creencias religiosas, hay un tema en común que parece predominar en todas ellas. Casi de forma universal, las antiguas predicciones para este momento de la historia describen una época llena de una «oscuridad épica».

Desde las crónicas hindúes de los *yugas* hasta la cuenta larga de los mayas que marca los días restantes del gran ciclo actual, el final de nuestra época se prevé como un período de guerras, sufrimiento, excesos y desigualdades. Y aunque esas descripciones suenan algo siniestras, tienen un aspecto positivo: *aunque la oscuridad parece ser necesaria, también parece ser breve.*

La causa: en términos físicos, nuestro sistema solar se está moviendo a lo largo de la parte más corta de una órbita que parece un círculo aplanado, una elipse cuyo extremo nos transporta al punto más distante del núcleo de nuestra galaxia, la Vía Láctea.

El efecto físico: tanto las antiguas tradiciones como la ciencia moderna nos dicen que nuestra ubicación en esta órbita cíclica determina la forma en que experimentamos fuentes de energía sumamente poderosas, como los «enormes campos magnéticos» que irradian del núcleo de nuestra galaxia.[2] Recientes estudios sugieren que son precisamente dichos ciclos los que pueden explicar los misteriosos patrones de la biodiversidad, la aparición y desaparición de la vida en la Tierra, así como las extinciones masivas que tuvieron lugar hace 250 millones y 450 millones de años.[3] Adicionalmente, recientes descubrimientos confirman que la posición de la Tierra (órbita, inclinación y vibración) durante su trayectoria crea ciclos que influyen en todo, desde la temperatura y el clima hasta el hielo polar y los campos magnéticos del planeta.[4] Hablaré de estos efectos en detalle a lo largo del libro.

El efecto emocional/espiritual: a medida que nos alejamos del núcleo de nuestra galaxia, nuestra distancia con la energía allí localizada fue descrita por diversas tradiciones antiguas como la pérdida de una conexión que sentimos tanto a nivel espiritual como emocional. Las relaciones científicas que se dan entre la calidad de los campos magnéticos terrestres, la forma en que son afectados por las condiciones cósmicas y nuestra sensación de bienestar parecen respaldar estas creencias antiguas.[5]

Al igual que la rotación de la Tierra hace que el período más oscuro de la noche se produzca justo antes del amanecer, nuestra posición en el firmamento es tal que la parte más oscura de nuestra era mundial tiene lugar justo antes de que nuestra órbita celeste emprenda el regreso para acercarnos más al núcleo de nuestra galaxia. Y, al hacerlo, sentimos el alivio de dejar atrás las fuerzas catastróficas presentes en la oscuridad del ciclo. Así como pasa la noche para que llegue un nuevo día, la única forma de llegar a la luz del próximo ciclo es terminar la oscuridad de este.

Sabemos que se producen experiencias oscuras en nuestro mundo, y no necesitamos ir muy lejos para verlas; sin embargo, también es cierto que la vida nos ofrece mucho más que el sufrimiento anunciado por nuestros antepasados. Incluso en nuestra época de gran oscuridad, las polaridades de la paz, la salvación, el amor y la compasión abundan y están al alcance de todos.

Nuestros antepasados tenían una comprensión extraordinariamente profunda del significado de nuestra experiencia de los múltiples ciclos a distintos niveles. *Sabían* que la posición de la Tierra en el firmamento afectaría a las condiciones físicas de nuestro mundo, así como a las experiencias emocionales y espirituales necesarias para que aceptáramos dichas condiciones. Nos recordaron con mitos, analogías y metáforas que cuanto más nos alejemos de una energía tan poderosa, más nos internaremos en la oscuridad y menos sincronizados estaremos con los campos que influyen en la vida de nuestro planeta.

Desde la tradición hopi hasta los antiguos Vedas, esta experiencia de separación se asocia también con nuestra sensación de estar perdidos.

Nuestros antepasados nos advirtieron que, en el punto más lejano de nuestro ciclo, nos olvidaríamos de quiénes somos, de la conexión que existe entre nosotros y la Tierra, y de nuestro pasado. De hecho, esta sensación de desconexión parece ser una consecuencia del viaje cíclico que nos lleva al extremo de nuestra órbita galáctica. Y el miedo producido por dicha sensación nos ha llevado también al caos, la guerra y la destrucción al final de los ciclos anteriores.

Por ejemplo, al término de las dos últimas eras mundiales, los hopi describen la codicia y las guerras que llevaron a la pérdida de aquello que más apreciamos: nuestras familias, nuestra civilización y nosotros mismos. Los hallazgos arqueológicos de una civilización avanzada, ubicada en el valle del río Indo, entre lo que actualmente es India y Pakistán, parecen respaldar los mitos hopi, así como los que se hallan en los cien mil renglones de la epopeya del Mahabharata.[6]

En el lugar del descubrimiento se encontraron cuerpos de humanos que parecen adoptar lo que los arqueólogos llamaron «posturas de huida», sugiriendo que escapaban de algo que destruyó su civilización. Los expertos sostienen que el Mahabharata describe una gran guerra librada en el valle, que señala la ubicación precisa de los nuevos descubrimientos. Los vestigios datan de hace diez mil años aproximadamente, lo cual los sitúa en el marco de tiempo de las dos eras mundiales anteriores.

Si entendemos lo que significa la oscuridad de nuestro ciclo y por qué es necesaria, comenzaremos a ver los grandes desafíos de nuestra época bajo una nueva luz. Con ello, nuestro momento en la historia así como nuestra respuesta a los cambios adquieren un nuevo significado. De modo que se hace aún más evidente que *ahora es el mejor momento* para dejar este ciclo atrás.

La razón es que *ahora, por primera vez,* tenemos los conocimientos, la necesidad y la tecnología necesarios para llegar al ámbito donde todo es posible y elegir el tipo de futuro que surgirá del caos del presente. Se trata de algo que solo cincuenta años atrás habría sido imposible.

Si observamos en detalle las historias y vestigios que nos han transmitido durante más de doscientas cincuenta generaciones, resulta evidente que quienes vivieron el fin de la última era mundial se esforzaron al máximo para asegurarse de que supiéramos qué significa hacerlo. Actualmente, encontramos los frutos de su trabajo preservados para nosotros en sus templos, textos, tradiciones y culturas.

El alineamiento que todos hemos esperado

Aunque los relatos sobre la creación procedentes de antiguas civilizaciones como la hopi, la hindú y la maya difieren en los detalles, en líneas generales coinciden en lo referente a la naturaleza cíclica del universo. Afirman que, antes del mundo actual, existieron al menos tres mundos que fueron destruidos. A pesar de que las diferentes tradiciones utilizaron distintas señales para decirnos en qué lugar nos situamos dentro del ciclo de nuestra era mundial, parece que *todas* las señales nos comunican esencialmente lo mismo: que el cambio de nuestra era actual a la siguiente tiene lugar *ahora.*

Lo que diferencia al calendario maya de las tradiciones orales como la hopi es que su línea de tiempo para los cambios termina en una fecha específica. Aunque su sistema de calendarios identifica con exactitud el alineamiento que marca el cambio (una excepcional configuración astronómica confirmada en la actualidad por los ordenadores modernos), lo que hace que su argumento resulte más sorprendente es que tenían conocimiento del viaje de la Tierra a través del firmamento.

Concretamente, los mayas sabían que durante un período de tiempo antes y después del solsticio de invierno del 2012, la Tierra y todo nuestro sistema solar se encontrarán en una posición extraordinaria en todos los sentidos, y que cruzaremos una línea imaginaria que delimita las dos mitades de nuestra galaxia con forma de disco. Del mismo modo que el ecuador divide al hemisferio norte y al hemisferio sur, una línea semejante, que atraviesa la Vía Láctea, separa la parte superior de la inferior del disco de la galaxia. A medida que los planetas de nuestro sistema solar se alinean unos con otros y con nuestro sol, el acto de cruzar la línea ecuatorial de la galaxia también nos alinea con la misteriosa fuente de energía que yace en el núcleo de la Vía Láctea. Este alineamiento –y las condiciones creadas por él– marca el fin del gran ciclo, tal como está indicado en el calendario maya.[7]

Para ser totalmente claros, este evento no ocurre de repente en un solo día. En otras palabras, cruzar la línea imaginaria que divide nuestra galaxia no significa que nos dormiremos la noche del 20 de diciembre del 2012 en un mundo y despertaremos al día siguiente en otro completamente diferente. Más bien, el solsticio de invierno parece ser el indicador astronómico que eligieron los mayas para señalar el centro del período de transición, que comienza mucho *antes* y termina mucho *después* del 2012.

Debido al tamaño y a las distancias relativas de los cuerpos celestes, este alineamiento nos parece un cambio lento y gradual que tiene lugar en un período de tiempo. Nuestra experiencia de un eclipse es un ejemplo perfecto de cómo sucede este cambio gradual. Si alguna vez has visto un eclipse lunar, probablemente no tardaste mucho en descubrir que no terminaría tan pronto. Una vez que comienza, puedes entrar en tu casa, prepararte una taza de té, hacer un par de llamadas telefónicas y darles de comer a tus mascotas antes de salir de nuevo y observar su progreso. Aunque la Tierra se desplaza por el espacio a unos 104.585 kilómetros por hora, esta velocidad tan formidable no es obvia en la oscuridad de un eclipse lunar: se trata del efecto de objetos enormes como planetas que se trasladan por el espacio a velocidades muy rápidas y a través de grandes distancias. Sin embargo, para nosotros, parece que se mueven a cámara lenta.

Así, en el caso del Sol alineándose con el ecuador de la Vía Láctea, el solsticio de invierno del 2012 marca un punto en la zona donde ocurrió un cambio que comenzó hace ya varios años. En *Cosmogénesis maya del 2012*, obra puntera en la que se identifica el paso de la línea ecuatorial de la galaxia y su significado, John Major Jenkins describe cómo dicha transición es un proceso más que un evento. Jenkins, que utilizó los cálculos del astrónomo belga Jean Meeus, sugiere que la progresión del Sol de un lado al otro de la zona ecuatorial de la Vía Láctea abarca un período de tiempo que comenzó en 1980 y terminará en el 2016.[8] Incluso con un margen de error de algunos años, esto significa que ya nos encontramos en el alineamiento que los mayas predijeron hace más de dos mil años. (Aunque se han realizado todo tipo de esfuerzos para garantizar la precisión de la información que contiene este libro, nuevos descubrimientos continúan ayudándonos a afinar nuestra comprensión del fenómeno 2012. Por favor, visita mi página web para ver las últimas actualizaciones y correcciones: www.greggbraden.com.)

¿Qué significado tiene en nuestras vidas un momento tan excepcional en la historia de la astronomía? Lo cierto es que nadie lo sabe con seguridad. No podemos saberlo, porque no hay nadie vivo que lo haya experimentado directamente la última vez que ocurrió. Sin embargo, contamos con buenos indicadores de lo que podemos esperar. Tenemos hechos.

Si unimos los hechos de la ciencia actual con la sabiduría que nos ofrecen los vestigios del pasado, nos encontramos con algo casi increíble. Es la historia de un viaje –el nuestro– que comenzó hace mucho tiempo y que ha precisado de más de doscientas cincuenta y seis generaciones y cinco milenios para llegar al final. Y ahora que esto está sucediendo, descubrimos que el final es realmente el principio de un nuevo viaje. Quizá el poeta y visionario T. S. Eliot haya sido quien describió con más acierto la ironía de un fin que también es un comienzo: «No cesaremos de explorar, y el final de nuestras exploraciones será llegar al lugar donde empezamos y conocerlo por vez primera».[9]

Aunque la idea de una era mundial que cambia y está basada en la órbita de nuestro planeta a través del cosmos puede sonar como el argumento de un capítulo de *Star Trek,* los cálculos celestiales que nos legaron nuestros antepasados coinciden sorprendentemente con los hallazgos científicos de la actualidad. Si unimos todo esto, nos encontramos con la misma historia. Una historia en la que los más grandes misterios de nuestro pasado, así como las claves que nos dicen qué esperar en el futuro, adquieren un nuevo significado.

Afortunadamente, nuestros antepasados nos dejaron toda la información necesaria para enfrentarnos a los desafíos propios de una gran era mundial. No es solo una cuestión de ciclos, sino de nuestra capacidad de reconocer patrones y de saber dónde nos hallamos *dentro* de los ciclos.

El código del tiempo

En los años ochenta, trabajé en el sector de la defensa desarrollando *software* para buscar patrones en determinados datos. Durante ese período, el mundo vivió uno de los momentos más alarmantes y herméticas de la historia: la guerra fría. Había más de setenta mil cabezas nucleares preparadas para atacar las ciudades más grandes de Europa y Norteamérica en el momento que se ordenara hacerlo, así que intenté encontrar un sentido a la guerra dentro del contexto de una perspectiva más general.

¿Era la guerra fría parte de un ciclo? ¿Podían los acontecimientos aparentemente aleatorios que generaron las contiendas bélicas del pasado ser realmente parte de un patrón en desarrollo y a gran escala que comenzó hace mucho tiempo? Y si esto era posible, ¿quiere decir que los patrones se extienden más allá de la experiencia de la guerra y pueden alcanzar aquello que sucede en nuestra vida cotidiana, como el amor y la traición?

Si tratáramos de descubrir que cada uno de los aspectos de nuestro mundo es parte de un ciclo antiguo y en desarrollo, podríamos imaginarnos a nosotros mismos de una forma nueva y liberadora. Implicaría que todo, desde el inicio y el final de un empleo o una relación hasta los años exactos que dura una guerra o el momento en que se firma la paz, forma parte de un ciclo y de un patrón que nos revela las *condiciones* para el futuro que ya hemos experimentado en el pasado. Si dicho patrón realmente existe, podríamos hacer un uso especial de su significado.

Nos permitiría precisar una experiencia *–cualquier experiencia,* desde el romance hasta el dolor– y descubrir que es parte de un patrón que podemos conocer y, más importante aún, predecir. Esta ventaja nos ayudaría a darle sentido a nuestro mundo, y tendría un valor inmenso a medida que nos embarcamos en nuestro viaje a través del siglo XXI y nos encontramos en un territorio desconocido donde los conocimientos y las ideas de Oriente y Occidente, así como la sabiduría antigua y la ciencia moderna, se unen para resolver los grandes desafíos que amenazan nuestra supervivencia.

Probablemente has adivinado que la respuesta a cada una de mis preguntas sobre los ciclos es siempre afirmativa. La razón de esto podría llenar varios volúmenes y es el tema de *este* libro. La clave para una visión tan liberadora del tiempo es que solo podemos entender cómo los ciclos se relacionan con la vida cuando cruzamos esa línea difusa que tradicionalmente ha separado la ciencia de las tradiciones espirituales de nuestros antepasados.

Por ejemplo, cuando unimos el conocimiento sobre los ciclos del tiempo que había en la Antigüedad con el descubrimiento de la unidad del tiempo y el espacio del premio Nobel de Física Albert Einstein, sucede algo maravilloso. De ahí emergen tres hechos con unas implicaciones que cambian todo lo que nos hemos visto llevados a creer sobre nuestra existencia en el mundo:

Hecho 1: la teoría de la relatividad de Einstein unió para siempre nuestras ideas del espacio y del tiempo en una sola categoría llamada ***espacio-tiempo***.

Hecho 2: todos los sucesos de la vida cotidiana (romances, guerras, paz, órbitas planetarias, fluctuaciones del mercado bursátil, auge y decadencia de civilizaciones, etc.) suceden dentro del espacio-tiempo.

Hecho 3: lo que sucede en el espacio-tiempo sigue unos ritmos naturales.

Estos hechos encierran dos implicaciones significativas que constituyen la base del resto de este libro, y que resumo a continuación:

Código del tiempo 3: nuevos descubrimientos demuestran que podemos contemplar el tiempo como una condición que sigue los mismos ritmos y ciclos que lo regulan todo, desde las partículas hasta las galaxias.

Código del tiempo 4: podemos pensar en lo que sucede en el tiempo como *lugares* dentro de los ciclos; puntos que pueden medirse, calcularse y predecirse.

Teniendo en mente los códigos de tiempo 3 y 4, hallamos los motivos y las herramientas para contemplar el tiempo de una forma nueva y significativa. En lugar de considerar los minutos de cada día como la forma que tiene la naturaleza de evitar que todo suceda al mismo tiempo, como señaló John Wheeler, pionero de la física, ahora podemos vislumbrar el tiempo como una especie de código que conecta el pasado con el futuro. De la misma forma que cualquier código puede ser descifrado y entendido, el mensaje del antiguo calendario maya también puede interpretarse y leerse como las páginas de un libro.

Para algunas personas, esta perspectiva del tiempo y de la vida implica una forma muy diferente de contemplar las cosas. Para otras, aunque ciertamente es poco convencional, también tiene mucho sentido. Esta idea es fascinante y sus implicaciones, profundas, misteriosas y emocionantes.

Aunque estas implicaciones desafían muchas de las formas en que nos han enseñado a pensar sobre el universo, también nos sentimos fuertemente atraídos por esa posibilidad. Queremos saber más; queremos aplicar esta nueva comprensión del tiempo al mundo real para que todo tenga sentido, desde las tragedias de la vida hasta los misterios del futuro. Y podemos hacerlo.

Aunque los científicos cuánticos nos dicen que no podemos predecir el futuro con exactitud, sí *podemos* predecir las probabilidades de ese futuro. Precisamente, esto es lo que demuestra la existencia de ciclos de tiempo que se repiten. *Cada vez que aparece un nuevo ciclo, tienen lugar de nuevo las condiciones generales que hacen que algo sea posible, no un resultado preciso.* Así como las condiciones de la atmósfera terrestre pueden crear el ambiente perfecto para un tornado sin que, por ello, llegue a producir realmente uno, los ciclos de tiempo pueden reunir todas las circunstancias que condujeron a un determinado suceso de la historia, sin que ese suceso tenga que repetirse necesariamente en la actualidad.

La clave es que los elementos para la repetición se hallan presentes y la situación ya está «preparada». Sin embargo, la forma en que ocurren esas condiciones viene determinada por las decisiones que tomamos en la vida. Saber de antemano dónde tendrán un mayor impacto nuestras decisiones inclinará la balanza a nuestro favor a medida que completamos el ciclo que mantiene nuestro bienestar en equilibrio y, en última instancia, nuestra supervivencia.

Código del tiempo 5: si sabemos dónde nos encontramos en un ciclo, sabremos qué esperar cuando se repita.

Si realmente podemos contemplar el tiempo del universo del mismo modo que contemplamos aquello que sucede en la vida –como por ejemplo, los *acontecimientos* que la conforman–, los ciclos del tiempo podrán medirse del mismo modo en que medimos todo cuanto ocurre. Al igual que somos capaces de predecir el retorno cíclico de un cometa que se desplaza velozmente por el universo, también lo somos de identificar el año en que se repetirán de nuevo las condiciones que condujeron al surgimiento de una civilización o una guerra. Lo más maravilloso de este conocimiento es que, además de permitirnos identificar los momentos de nuestra vida que anuncian un caos inminente, también nos permite reconocer los momentos de nuestro futuro que anuncian la paz.

Puesto que todos estos ciclos están basados en ritmos naturales, podemos utilizar los códigos universales que lo rigen todo, desde el movimiento de las partículas cuánticas hasta la forma de nuestra galaxia, por medio de una fórmula que nos faculta para descubrir los lugares en el tiempo que buscamos. Eso es precisamente lo que haremos en los siguientes capítulos.

Una vez hayas desarrollado las nociones de los ciclos del tiempo, podrás usar ese conocimiento de dos formas: siguiendo las instrucciones de este libro para crear nuestra propia *calculadora del código del tiempo* –que nos dirá cómo encontrar aquellas épocas futuras en las que podemos esperar la repetición de condiciones pasadas– y utilizando la versión automatizada de la web que cumple la misma función.

De cualquier modo, podrás introducir un año específico, como por ejemplo, el fin del ciclo maya en el 2012, para encontrar el momento (o momentos) del pasado que te diga qué esperar cuando el ciclo se repita de nuevo. Al hacer esto, tendrás una visión sin precedentes del tiempo, además de algo concreto para elaborar tus expectativas sobre el fin de la era actual.

Sin embargo, la calculadora del código del tiempo no solo se limita a los grandes acontecimientos a escala global. También puede aplicarse a lo que sucede en la vida cotidiana. Parece que las condiciones que conducen a los momentos decisivos que experimentamos –desde las alegrías y las crisis personales hasta las guerras y la paz entre las naciones– se repiten en ciclos grandes y pequeños, y siguen los mismos ritmos naturales. Para utilizar los ciclos en nuestras vidas, primero debemos reconocer los patrones: cuándo comienzan, cómo se manifiestan y cómo interpretarlos.

Código del tiempo 6: la calculadora del código del tiempo señala cuándo podemos esperar que se repitan las *condiciones* del pasado, pero no los acontecimientos.

Esta es la razón por la que la calculadora del código del tiempo resulta tan valiosa. Además de los ciclos repetitivos que posibilitan las condiciones, cada ciclo contiene también *puntos críticos,* momentos en los que el cambio parece producirse con mayor facilidad y ser más efectivo. Por consiguiente, aunque los asuntos de la guerra global, la traición personal y la paz pueden organizarse en la línea del tiempo, no sucede lo mismo con los resultados de cada uno de ellos. Al igual que ocurre en la experiencia humana, lo que hacemos con las condiciones que se nos presentan es lo que dicta la etapa siguiente de nuestras vidas.

Por ejemplo, en el capítulo 1 veremos cómo las condiciones para un ataque por sorpresa al territorio estadounidense han estado presentes en tres ocasiones en los siglos XX y XXI. Basándose en los ciclos repetitivos del tiempo, la calculadora del código del tiempo identifica claramente las dos fechas en que las condiciones para este ataque se presentan después del evento germinal de 1941. Y aunque sí *fuimos* atacados en una de esas dos fechas, no lo fuimos en la otra. Aunque se daban las condiciones, las elecciones humanas (que describiré en el capítulo 7) previnieron el tercer ataque.

La clave para usar nuestros puntos críticos radica en que, para influir de un modo consciente en nuestro futuro, debemos reconocer en qué parte del ciclo nos encontramos. Todo comienza cuando entendemos que estamos viviendo una especie de código del tiempo, un campo de energía vibrante que tiene un comienzo, se expande continuamente y contiene lo que los científicos han llamado la «marcha hacia delante del tiempo».

A partir de estas ideas, surgen ciertas preguntas: ¿qué es posible? ¿El pasado contiene realmente un anteproyecto del futuro? ¿Qué puede decirnos del presente algo que sucedió hace mil años? ¿Qué ocurre con la misteriosa fecha del fin de los ciclos mayas? ¿Hay alguna manera de mirar retrospectivamente en el tiempo para hacernos una idea de lo que podemos esperar en el año 2012? Estas son las preguntas que me llevaron a escribir este libro. Los capítulos que siguen son las respuestas a ellas.

¿Por qué este libro?

Es cierto que no faltan libros ni cobertura periodística sobre el calendario maya y el año 2012. Parece como si cada mes aparecieran nuevos volúmenes en los estantes de las librerías físicas y virtuales. Al igual que sucede con cualquier tema que nos toca la fibra sensible, estas obras nos ofrecen perspectivas muy diferentes, a veces incluso encontradas. Desde predicciones académicas que han requerido varios años de investigaciones hasta supuestos dictados de inteligencias extraterrestres, todas cumplen un propósito y se unen al impulso colectivo que parece surgir a medida que nos acercamos al solsticio de invierno del 21 de diciembre del 2012. Las observaciones revolucionarias realizadas por el filósofo y etnobotánico Terence McKenna en sus libros *Alucinaciones reales,* de 1993, y *El paisaje invisible*, de 1975, así como la labor académica de investigadores como John Major Jenkins, han explorado el misterio y el significado de esta fecha final... y lo han hecho de un modo muy hermoso.

Y fue precisamente debido a la existencia de obras tan sólidas por lo que tuve que ser claro acerca de mi contribución a la literatura sobre el 2012. ¿Qué podía decir yo que no se hubiera dicho ya? Tal vez la mejor forma de responder esta pregunta es exponer de manera explícita qué es este libro, qué no es y qué ofrece.

En las siguientes páginas:

- Descubrirás de qué manera las condiciones para la fecha final del 2012 determinada por los mayas ya han tenido lugar en nuestro pasado como un fractal de lo que podemos esperar en el futuro.
- Verás de qué forma los «números más hermosos» de la naturaleza nos guían a los lugares del pasado que nos cuentan qué sucederá.
- Identificarás las «fechas importantes» que contienen las mayores amenazas de guerra y las mayores oportunidades para la paz en nuestro futuro inmediato.
- Calcularás tu propio código del tiempo para los acontecimientos y relaciones más importantes de tu vida.
- Descubrirás los «puntos críticos» personales y colectivos de la vida y la historia, momentos en el tiempo en los que el cambio parece producirse con más facilidad.

En los siete capítulos que componen este libro, te invito a reflexionar sobre tu relación con el tiempo, la historia y el futuro de un modo práctico y liberador. Es importante saber desde ahora lo que puedes esperar de cualquier nuevo camino de autodescubrimiento.

Por esa razón, lo que viene a continuación describe con precisión qué es este libro y qué no es:

- Este libro *no es* una publicación científica. Aunque compartiré la información científica más reciente que nos invita a repensar nuestra relación con el tiempo, esta obra no ha sido escrita para ajustarse al formato o estándares de un texto científico, escolar o de una publicación técnica.
- Este libro *no es* un trabajo de investigación contrastado por científicos. Los capítulos e informes *no* han pasado por un largo proceso de revisión por parte de una junta certificada o de un panel de expertos preparados para ver nuestro mundo a la luz de un solo campo de estudio, tal como la física, las matemáticas o la psicología.
- Es un texto bien documentado y se basa en investigaciones serias. En un tono coloquial, relato los experimentos, estudios, datos históricos y experiencias personales que apoyan una poderosa forma de pensar sobre nosotros mismos y el mundo.
- Este libro *es* un ejemplo de lo que podemos lograr si atravesamos los límites tradicionales que dividen la ciencia y la espiritualidad. Si unimos los descubrimientos del tiempo fractal del siglo XX con el mensaje maya de los ciclos de dos mil años de antigüedad, y el antiguo conocimiento del patrón de la naturaleza para la vida y el equilibrio *—el número áureo—,* adquirimos la poderosa comprensión del tiempo como una fuerza, y de nosotros como sus exploradores, que cabalgan sobre las olas del tiempo a través de un océano de ciclos interminable.

Este libro es el resultado de más de veinte años de investigación y de mi aventura personal para encontrar un sentido a los ciclos repetitivos de la vida, el amor y la guerra. Si siempre has querido encontrar una respuesta a las preguntas «¿se repite la historia?» y «¿cómo se conecta el futuro con el pasado?», seguramente lo valorarás.

La clave para el 2012 y para nuestro tiempo en la historia radica en entender el lenguaje de los ciclos de la naturaleza, y en utilizarlo ahora a fin de prepararnos para el futuro. En última instancia, podremos descubrir que nuestra capacidad de comprender y aplicar las «reglas del tiempo fractal» contiene la clave para nuestra más profunda salvación, nuestra mayor alegría y nuestra supervivencia como especie.

El tiempo fractal está escrito con un objetivo en mente: leer el mapa del pasado y aplicar lo que aprendemos a medida que nos acercamos al 2012 y al mundo futuro. Al hacerlo, otorgamos significado al pasado, al mismo tiempo que desciframos el código de las posibilidades de vida en el futuro, dos oportunidades que las futuras generaciones tendrán que esperar otros veintiséis mil años para vivir de nuevo.

GREGG BRADEN
Nuevo Taos,
Nuevo México, 2009

Capítulo 1

El programa del código del tiempo: encontrar nuestro futuro en los ciclos del pasado

Creo que el futuro es simplemente el pasado de nuevo, por el que entramos a través de otra puerta.

SIR ARTHUR WING PINERO (1855-1934), dramaturgo

El tiempo es un todo indivisible, una gran reserva en la que todos los eventos están eternamente plasmados...

FRANK WATERS (1902-1995), escritor y biógrafo

Vivimos en un universo de ciclos.

Desde las diminutas vibraciones de energía generadas por un átomo hasta el surgimiento y la desaparición de los enormes campos magnéticos del Sol... desde el constante ritmo de las mareas del océano hasta los miles de kilómetros que recorre un pequeño colibrí cada año para migrar a climas más cálidos, nuestro mundo es una danza interminable de ciclos repetitivos de la naturaleza. Estos ciclos están en todo.

De forma intuitiva, sabemos de su existencia por experiencia directa. Por ejemplo, el ritmo menstrual femenino se rige por un ciclo de 28 días relacionado con las fases cíclicas de la Luna. Todos los días, nuestros cuerpos siguen los ritmos de un período de 24 horas (el ciclo circadiano de luz y oscuridad), que regula aspectos como el sueño, la vigilia y el hambre. Y aunque el uso de bombillas de 60 vatios y el consumo de capuchinos a altas horas de la madrugada pueden haber cambiado para siempre la forma en que respondemos a los ritmos de la naturaleza, el hecho es que los ciclos existen.

Si observamos en detalle los ciclos de la naturaleza, veremos que cada uno es parte de otro mayor que tiene lugar dentro de otro todavía mayor, y así sucesivamente: se trata de ciclos secuenciales de tiempo y energía que regulan los ritmos del universo y la vida. Nuestra experiencia del día y la noche es un ejemplo perfecto de cómo funcionan estos ciclos secuenciales. Las horas de luz y oscuridad que experimentamos todos los días se deben a la forma en que gira la Tierra alrededor del Sol, un ciclo que dura unas 24 horas. A su vez, el tiempo que se mantienen la luz y la oscuridad de cada día está relacionado con la forma en que nuestro planeta se inclina en dirección al Sol –o en dirección contraria– durante su órbita: los ciclos que dan lugar a las estaciones del año. La inclinación terrestre es parte de un ciclo aún mayor que determina cuánto duran las estaciones a lo largo de miles de años.

Aunque la experiencia del día, la noche y las estaciones nos ofrece un claro ejemplo de los ciclos de la naturaleza, en ellos encontramos mucho más que la simple duración de un día o el comienzo del verano. Ralph Waldo Emerson describió en términos simples y poéticos nuestra relación con estos ciclos: «Nuestra vida es un aprendizaje de la verdad de que alrededor de cada círculo se puede dibujar otro; que la naturaleza no tiene fin, y que cada fin es un comienzo».

Tanto las palabras de Emerson como nuestro conocimiento de los ciclos nos conducen a ciertas preguntas que debemos formularnos: *si los ciclos de la naturaleza se encuentran en todas partes, ¿es posible que todo, desde nuestras relaciones románticas y de negocios hasta nuestras conexiones globales, desde la luz de un nuevo nacimiento hasta la oscuridad del 11 de septiembre del 2001, forme parte de los grandes ciclos que apenas estamos aprendiendo a reconocer? Y si es así, ¿podemos prepararnos para el futuro reconociendo el pasado?*

Si esta relación realmente existe, todo lo que nos han hecho creer sobre nuestro mundo y sobre nosotros mismos cambiaría. Podríamos descubrir, por ejemplo, que cuestiones tan diferentes como la frecuencia de nuestros logros y fracasos, el éxito en nuestras relaciones y profesiones e incluso la duración de nuestras vidas tienen que ver con ciclos que solo estamos comenzando a comprender. Gracias a este nuevo descubrimiento, también podríamos ver que ya no somos víctimas de un destino misterioso, al cual le atribuimos muchas de nuestras experiencias pasadas. Sin embargo, para explorar dicha relación, debemos comenzar a reconocer los patrones que nos rodean.

El código de la luciérnaga

En cierta ocasión, me senté inmóvil en un tronco, cerca del arroyo que había detrás de nuestra casa, con los pies suspendidos a unos pocos centímetros del agua. Recuerdo que era el verano de 1965, y yo respiraba el aire caliente y pesado de Missouri mientras se extinguía la última luz del día. Cuando anochece, todo cambia en los bosques del Medio Oeste norteamericano. Aunque todavía podía ver el crepúsculo en el firmamento, la espesa capa de musgo y de enredaderas que colgaban del antiguo bosque bloqueaba la luz del horizonte. Miré en la oscuridad y esperé. La experiencia me había enseñado que la paciencia y el silencio eran las claves para estudiar cualquier fenómeno de la naturaleza, y, con el paso del tiempo, había aprendido a dominar por completo ambos factores.

Inicialmente, vi una sola luciérnaga con el rabillo del ojo. Luego, vi otra y después otra más, y de repente, estaban por todas partes. Era como si alguien hubiera encendido un interruptor eléctrico, porque las luciérnagas de verano se hicieron visibles por todas partes. Verlas ejecutar su mística danza de movimiento y luz, y observarlas desaparecer tan rápido como habían aparecido, era un ritual nocturno que anhelaba ver año tras año. Pero, para mí, aquello era algo más que simplemente ver las luces titilar y apagarse. Se trataba de algo oculto, secreto y misterioso. Se trataba del ritmo y los ciclos, de los patrones.

Cuando era niño, buscaba patrones en todas partes. En ocasiones eran bastante triviales, como, por ejemplo, ver cuántas veces destellaban las luces de nuestro árbol de Navidad antes de apagarse y comenzar el próximo ciclo, o cuántos coches del mismo color había en una zona de estacionamiento. Otras, los propios patrones parecían llamarme para que los encontrara, como el número de veces que una luciérnaga emitía su enigmático destello, antes de apagarse y comenzar de nuevo. Rodeado por centenares de luciérnagas, recuerdo haber pensado que en ese espectáculo había algo más que los casuales destellos de una noche de verano.

Tal vez las luces fueran realmente un tipo de código que transmitía un mensaje de la naturaleza. Como los insectos no pueden hablar, es probable que las luces fueran su forma de comunicarse, con destellos largos y cortos de luz que representan los puntos y rayas de una lengua, como si se tratara del código Morse de la naturaleza. Si tan solo pudiera contar los destellos *y el tiempo que transcurría entre cada pausa,* tal vez sería capaz de «leer» el código.

Un universo de patrones

Lo cierto es que nunca encontré el «código de las luciérnagas», al menos no de la forma que había imaginado en un principio. Aunque los espectáculos luminosos del verano resultaron ser señales codificadas de la naturaleza, también eran parte de algo aún más primario y misterioso de lo que había sospechado. En una clase de biología en el instituto, aprendí que los destellos de luz que había visto en aquellas noches cálidas de Missouri formaban parte de un ritual de cortejo –un código sexual– realizado por los machos, que buscaban a las hembras ideales para aparearse. Sentado en ese tronco, había presenciado una gran ceremonia de cortejo impulsada por el antiguo y arraigado deseo de reproducirse.

Aunque es probable que la realidad del código de las luciérnagas no se haya materializado, sí lo hizo la idea de que el tiempo podía ser parte del código de la naturaleza. En mi séptimo cumpleaños, mi madre avivó mi interés por la historia antigua y me hizo un regalo que disfruté durante varios años. Era un libro de C. W. Ceram, donde el autor describía las civilizaciones «perdidas» que habían sido redescubiertas en tiempos modernos; tenía capítulos sobre arqueología griega, egipcia, mesopotámica y suramericana. Su título era *Dioses, tumbas y sabios,* y tuvo una profunda influencia en mi forma de contemplar el pasado, que persiste hasta el día de hoy.[1]

En especial, me sorprendió el hecho de que poderosas civilizaciones con conocimientos avanzados, como los antiguos mayas, pudieran haber existido hace tanto tiempo, solo para desaparecer posteriormente. Mientras observaba con detenimiento las fotografías que mostraban las cúspides de sus templos, elevados sobre las espesas selvas mexicanas, me pregunté qué sabían los mayas que nosotros habíamos olvidado, especialmente en lo referente a su concepción del tiempo. Gracias a ciertos descubrimientos que van desde las nuevas revelaciones sobre el calendario maya hasta las matemáticas de los patrones fractales, ahora estamos en disposición de comenzar a responder esta pregunta.

****

Cuando llegué a la edad adulta, comprendí que los patrones que había estudiado de niño eran algo más que simples casualidades. Nuestro mundo está hecho de esos patrones. No son meras casualidades por aquí y allá, sino patrones dentro de otros patrones que tienen un orden y una estructura. Muchos de los patrones de la naturaleza pueden medirse y pronosticarse con facilidad. Por ejemplo, las dunas con forma de media luna del Parque Nacional de las Grandes Dunas de Arena, en el sur de Colorado, o los patrones que vemos en las venas de una hoja de roble o en el agua que sale de una manguera. En otras ocasiones, no son tan fáciles de ver, como, por ejemplo, los vientos invisibles que mueven masas enteras de aire a lo largo de un continente, o las fuerzas psicológicas que regulan los mercados bursátiles del mundo.

Tanto si los vemos como si no, lo cierto es que los patrones de la naturaleza están en todas partes. Si realmente quiero entender cómo funcionan las cosas, es obvio que necesitaré comprender los patrones que las conforman. Durante los últimos años de la guerra fría, trabajé como diseñador informático de sistemas en el campo de la defensa, haciendo precisamente eso. Tal vez no sea demasiado sorprendente que desarrollase uno de mis primeros trabajos en un campo de la programación informática conocido como *reconocimiento de patrones.*

Un día, mientras buscaba patrones en la naturaleza con el propósito de utilizarlos como modelos para crear un *software* que rastreara información, conocí el trabajo de R. N. Elliott, científico y filósofo de comienzos del siglo XX. Antes de su muerte en 1948, Elliott escribió una síntesis reveladora de cómo las leyes naturales parecen regular muchos aspectos de la vida cotidiana, incluyendo los ciclos naturales. Su libro, titulado *The Major Works of R. N. Elliott,* cambió para siempre mi forma de ver el universo, las civilizaciones y, lo más importante, el tiempo.[2]

Me pareció fascinante que no solo reconociera patrones y ciclos en la naturaleza, sino que también describiera las formas de aplicar sus descubrimientos en el mundo real. Su trabajo contiene un elemento revolucionario: un número muy especial, que se encuentra en nuestros cuerpos, nuestras vidas y nuestro mundo, y que nunca nos enseñaron en la escuela: el número áureo. Elliott mostró cómo aplicarlo a todo con palabras claras y directas, desde el número de hombres y mujeres de una población natural hasta las economías de las naciones.

Por la misma época, Robert R. Prechter júnior, especialista en la predicción del comportamiento de los mercados bursátiles, también descubrió los trabajos de Elliott. Reconociendo que la economía global y el mercado bursátil son indicadores del optimismo o pesimismo de la comunidad inversora –parte de un ciclo natural–, Prechter llevó las ideas de Elliott un paso más allá y creó la herramienta más exitosa para la predicción del comportamiento de los mercados en la historia de la Bolsa de Nueva York. Se trata de la teoría de las ondas de Elliott, que aún se utiliza en la actualidad.

La clave del éxito de la teoría de las ondas de Elliott radica en dos postulados básicos:

1. El mercado siempre avanzará y retrocederá a intervalos precisos.
2. Si sabes dónde comienza el avance, podrás calcular cuándo y con qué frecuencia ocurrirán los retrocesos.

Mi pensamiento era que si la vida y la naturaleza seguían patrones de ese código, era perfectamente lógico que el tiempo también lo hiciera. Al igual que con los intervalos del mercado bursátil, si pudiéramos reconocer el código del tiempo de la naturaleza, seríamos capaces de medir y calcular los ciclos creados por ella.

En otras palabras, si sabemos cuándo comienza un ciclo y el patrón que viene a continuación, sabremos también dónde y cuándo terminará. Y, quizá más importante aún, si conocemos las *condiciones* producidas por un ciclo, también sabremos qué esperar cada vez que se manifieste de nuevo. Tardé muchos años y pasé por muchos intentos antes de encontrar una forma de aplicar lo que había aprendido sobre los ciclos a los acontecimientos de nuestro mundo. Pero una vez lo hice, no hubo marcha atrás.

La razón se debe a que el código del tiempo de la naturaleza *funciona,* y lo que nos revela da que pensar y es sorprendente al mismo tiempo. Reconocer los patrones que hemos vivido en el pasado y que estamos viviendo ahora es quizá una de las cosas más liberadoras que podemos hacer como individuos y como civilización. Es como si nuestra voluntad de reconocer la interconexión de los patrones de la naturaleza fuera una ventana a la oportunidad de participar conscientemente en los ciclos revelados por esos patrones. Según mi parecer, esto es nada menos que el milagro de una segunda oportunidad.

Tal vez, la mejor forma de ilustrar el modo en que los ciclos del tiempo se repiten de una manera predecible sea mediante un ejemplo. ¿Y qué mejor ejemplo que saber que el suceso que define el inicio del siglo XXI –el 11 de septiembre del 2001–, realmente forma parte de un ciclo más grande que comenzó sesenta años antes de que cayeran las torres del World Trade Center?

¿Podríamos haberlo sabido?

Tras un viaje de trece horas desde Los Ángeles a Melbourne, Australia, el sonido del teléfono me despertó. Mientras me incorporaba en la cama, llegó a mi mente una sucesión de preguntas interminables: «¿Dónde estoy? ¿Qué hora es? ¿Quién me está llamando si aún no ha amanecido en Australia?». Gracias al débil resplandor de las luces de la calle que se filtraban por un resquicio de las persianas, pude ver el teléfono sobre la mesita de noche que estaba a mi lado. Oprimí la tecla de la «Línea 1», que destellaba, y no tuve que esperar mucho para tener respuesta a mi última pregunta.

Inmediatamente, la voz desesperada, pero familiar, de un amigo al otro lado de la línea se convirtió en un aluvión de información que me pareció no tener demasiado sentido. No me dijo: «Buenos días, ¿cómo estás?», ni ninguno de los típicos saludos que recibes de amigos y familiares que están al otro lado del mundo. Lo primero que escuché fue: «Enciende el televisor ahora mismo... Algo está sucediendo... No sé... ¡Dios mío!».

Tras alcanzar el mando a distancia, cambié los canales de la pantalla suspendida en un rincón de la habitación. Aunque desconocía aquellos canales, sí reconocí el paisaje de la ciudad desde la que se retransmitía. Todos mostraban las mismas imágenes aterradoras que se podrían ver en cualquier película de suspense de Hollywood: el caos y el cielo lleno de humo de la ciudad de Nueva York, en aquella mañana del 11 de septiembre del 2001.

Al igual que el resto del mundo, me quedé conmocionado y absorto con lo que veía. Me sentí desorientado e inseguro, desconcertado por las imágenes que ahora transmitían todos los canales. Me vestí rápidamente y me apresuré al vestíbulo del hotel, pero no estaba preparado para lo que iba a presenciar. En cuanto se abrieron las puertas del ascensor, vi gente por todas partes, todos apiñados, tratando de ver el enorme televisor del vestíbulo. Algunos lloraban y tenían los ojos rojos, otros suspiraban y otros más permanecían en un silencio estoico que provenía de contemplar algo que nos resistíamos a creer, aunque sabíamos que era real.

Mientras me abría paso entre la multitud para salir a la calle, vi personas que se movían en todas direcciones. Aunque todavía era temprano, las cafeterías habían abierto y las tiendas de electrodomésticos habían encendido todos los televisores de los escaparates para que los viandantes pudieran ver lo que había sucedido. Estados Unidos experimentaba uno de los días más terroríficos de su historia, que terminó por convertirse también en una fecha decisiva en todo el mundo.

Caminé rápidamente y pasé por varios cafés. En todas partes vi lo mismo: confusión, incertidumbre, miedo y aquellas imágenes en los televisores. Me encontré haciéndome dos preguntas una y otra vez.

La primera era simplemente: «¿Por qué? ¿Por qué alguien ha hecho algo tan estrafalario, brutal y despiadado?».

La segunda pregunta no era tan simple, y me remitió a la costumbre de mi infancia de ver un mundo lleno de patrones. Mientras intentaba encontrarle un sentido a lo que había sucedido, me vi repitiendo mi propia pregunta: *«¿Podríamos haberlo sabido?»*, y me escuché murmurar: «Si los acontecimientos de la vida y del mundo siguen patrones y ciclos, ¿el día de hoy forma parte de un patrón? ¿Podríamos haber estado preparados para lo que ha sucedido hoy, o incluso haberlo evitado?».

Para ser claro, *no* me preguntaba si podríamos haber sabido qué sucedería exactamente en esa fecha, ni por qué el mundo había podido cambiar tanto y de forma tan rápida. Tampoco sugería que pudiéramos haber predicho que ciertas personas utilizarían aviones como armas letales para derribar inmensos rascacielos y quitarles la vida a más de dos mil personas. Mis preguntas no giraban en torno a eso.

[…]é sobre los patrones, sobre mi ne-
[…]a algo tan absurdo, así como un lu-
[…]ual encajara.

[…]l/Tiempo fractal

[…]eptiembre del 2001, las multitudes
[…]Melbourne salieron en avalancha de
[…] Hasta donde yo podía ver, por todas
partes había perso[…]taban recuperar la normalidad. Sin embargo, esa mañana fue cualquier cosa *menos* normal. Aunque los trabajadores y estudiantes se disponían a cumplir con sus deberes, era obvio que estaban conmocionados y se sentían inseguros. En dos ocasiones, y en una sola calle, vi conductores que irrumpían en el tráfico como si la calle estuviera desierta y eran sacados de su trance por el ruido de los frenos y la bocina de otros coches que se acercaban peligrosamente a ellos.

Crucé los semáforos con cuidado en medio de la confusión y regresé a mi hotel. Mi mente oscilaba entre el hecho de ser consciente del caos que había a mi alrededor y lo que había visto esa mañana. Una sola pregunta se repetía en mi mente. ¿Los horribles ataques al World Trade Center y al Pentágono *podrían ser parte de algo más grande?* Más allá del terrorismo, la política y las conspiraciones, ¿habría un patrón más grande desplegándose ante nuestros ojos, un patrón que solo podríamos ver si retrocedíamos y *mirábamos el panorama general desde una perspectiva diferente?*

Tuve que esperar hasta el 2008 para obtener una respuesta, y esta fue tan clara que mi pregunta pasó de «¿podríamos haberlo sabido?» a «¿cómo fue que no nos dimos cuenta?».

Yo pensaba que debía de existir una razón muy sólida para que ciertos místicos de la Antigüedad, como los cronometradores vedas y mayas, dedicaran tantas energías y recursos a estudiar el tiempo. Como su perspectiva sobre los ciclos de la historia era tan diferente a la nuestra, y se sabe que ambos fueron muy precisos, las dos formas de pensamiento debían de formar parte de una sabiduría mayor. Por tanto, resultaba lógico combinar la sabiduría de nuestro pasado con lo mejor de la ciencia actual para obtener una forma nueva y liberadora de contemplar la vida y a nosotros mismos.

Al fusionar todo lo que había aprendido cuando buscaba patrones como programador informático con lo que sabía sobre las visiones de los ciclos, el número áureo y los fractales de la naturaleza utilizados por los antiguos egipcios, hindúes y mayas, encontré un modelo de tiempo –un programa del código del tiempo– que ofrecía una poderosa ventana a los eventos de nuestro pasado y futuro. La clave es que el tiempo se repite en patrones cíclicos y que cada repetición es similar a la última (fractal), pero con mayor intensidad.

El programa de la calculadora del código del tiempo puede utilizarse de tres formas diferentes para averiguar los ciclos de eventos específicos:

- **Modo 1:** nos dice cuándo podemos esperar que las condiciones de algo que ha sucedido en el pasado se produzcan de nuevo.
- **Modo 2:** nos indica qué fecha del pasado contiene las condiciones que podemos esperar en el futuro.

- **Modo 3:** nos señala cuándo podemos esperar que las condiciones de una experiencia personal, ya sea positiva o negativa, se repitan en nuestras vidas.

Utilicé el modo 1 para los eventos del 11 de septiembre del 2001 (con el fin de facilitar la lectura, he incluido la descripción y los detalles de este proceso en el Apéndice A). Para descubrir las condiciones que pudieron habernos conducido a una fecha decisiva en el pasado, como el 11 de septiembre del 2001, o las que podemos esperar para una fecha en el futuro, como el 21 de diciembre del 2012, necesitaba dos datos:

1. La fecha del suceso en cuestión.
   - Puede tratarse de un momento del futuro del cual queramos saber qué condiciones esperar.
   - Puede ser un momento del pasado en que germinó la semilla de un patrón obvio, el cual se analiza para descubrir cuándo se repetirá en el futuro.
2. La duración total del ciclo actual que estamos explorando: el ciclo de la era mundial que se prolonga 5.125 años, o los ciclos más largos que definen eras aún más prolongadas.

Utilicé la calculadora del código del tiempo para explorar el 11 de septiembre con el objetivo de encontrar la semilla que pudo haber desencadenado los sucesos que transformaron el mundo. El *primer* dato exigía cierta investigación. Si quería descubrir de qué patrón podía formar parte el 11 de septiembre, necesitaba la fecha que pudo haber dado inicio al ciclo *antes* del ataque al World Trade Center, y para tener la absoluta certeza de la fecha, necesitaba hallar otra con las mismas características, es decir, con los mismos patrones.

Aunque, hasta el día de hoy, la controversia y las preguntas sin respuestas permanecen en la mente de muchas personas, existe un consenso general sobre el 11 de septiembre del 2001, y es que Estados Unidos fue *atacado* ese día. Sin importar cómo sucedió ni por qué, existe el consenso de que el país y sus habitantes fueron el blanco de lo que solo puede considerarse un ataque despiadado.

La mayoría de las personas no tuvieron el más leve indicio de que pudiera suceder algo de tal magnitud, así que es razonable afirmar que aquellos eventos tomaron por sorpresa a todo el planeta. En ese sentido, las palabras que describen el tema de la fecha de inicio que buscaba era que Estados Unidos fue *sorprendido* y *atacado*.

Teniendo en mente que las condiciones del pasado se repiten en ciclos, investigué la historia y descubrí una fecha que respondía de forma inequívoca a los criterios establecidos. En este caso, incluso coincidieron las palabras «sorpresa» y «ataque», utilizadas para describir los acontecimientos del 11 de septiembre. Esta fecha era el 7 de diciembre de 1941, que el presidente Franklin D. Roosevelt marcó para siempre en la psique mundial como la «fecha que perdurará en la infamia». Aquel día, la base naval norteamericana de Pearl Harbor fue atacada por sorpresa, y 2.117 estadounidenses perdieron la vida. También fue el día en que Estados Unidos entró oficialmente en la Segunda Guerra Mundial. Una vez decidida esta fecha, 1941 fue el primer dato que introduje en el programa del código del tiempo.

El *segundo* dato –la duración del ciclo en el que tiene lugar– fue fácil, porque toda la historia humana registrada ha sucedido básicamente en el mismo ciclo. Tal vez no es ninguna coincidencia que sea el gran ciclo de 5.125 años descrito en el calendario maya. Aunque esto puede sonar como una elección arbitraria, hay dos hechos que hacen que el calendario maya sea único entre los sistemas mundiales de cronometraje. Aunque más adelante analizaré estos hechos, en pocas palabras son:

Primero: el calendario es el sistema más preciso que existe para llevar la cuenta de los ciclos de las galaxias, de los planetas y de nuestra relación con el Sol que se conoció hasta el siglo XX.

Segundo: el ciclo en el que nos encontramos en la actualidad equivale aproximadamente a una quinta parte de otro más grande, el quinto y último mundo en las tradiciones mesoamericanas, que describen la *precesión de los equinoccios:* nuestro viaje de 25.625 años a través de las doce constelaciones del Zodíaco, que suele redondearse a 26.000 años.

La introducción de datos en el programa del código del tiempo estaba lista. La fecha de inicio era 1941, y la duración del ciclo ascendía a 5.125 años. Con toda esta información a mi alcance, empecé a hacer cálculos, e inmediatamente obtuve dos fechas. Cada una indicaba un momento en el que Estados Unidos podía esperar de manera razonable los mismos aspectos de «sorpresa» y «ataque» que había experimentado en aquel histórico día de infamia.

El código del tiempo funciona

La primera fecha que identificó el programa fue 1984. Cuando la vi, me sorprendió el año, y no le encontré mucho sentido hasta descubrir un hecho poco conocido e inquietante que fue revelado solo después del fin de la guerra fría.

La historia muestra que 1984 marcó una época caracterizada por una de las mayores tensiones vividas entre Estados Unidos y la antigua Unión Soviética. La amenaza de un ataque nuclear fue tan grande durante ese año que el famoso reloj del Día del Juicio Final (que la junta directiva del *Boletín de Científicos Atómicos* mantiene desde 1947 en la Universidad de Chicago para informar al mundo sobre la amenaza de una catástrofe global) fue retrasado cinco minutos antes de la medianoche, hora simbólica de la hecatombe.[3] Este retraso suponía la segunda vez que el mundo se había acercado tanto a una guerra atómica desde que el reloj fue puesto en funcionamiento. Sin embargo, solo una vez terminada la guerra fría supimos lo cerca que estuvimos de la catástrofe. A comienzos de los años noventa, las autoridades rusas levantaron el secreto oficial de los archivos que describían un suceso que nos acercó mucho más a una guerra de lo que habríamos sospechado.

****

En septiembre de 1983, el ejército soviético derribó accidentalmente el vuelo 007 de Korean Airlines, un jumbo comercial que entró en el espacio aéreo ruso. Los 269 pasajeros y la tripulación del Boeing

747 murieron, entre ellos el congresista norteamericano Lawrence McDonald. Durante esa época, la tensión entre las dos potencias era tan grande que los soviéticos temieron que los estadounidenses consideraran aquel error como un acto de guerra. Los documentos revelados recientemente muestran que la Unión Soviética, pensando que solo era cuestión de tiempo que Estados Unidos tomara represalias, planeó un ataque preventivo –*un ataque nuclear*– para ser los primeros en golpear y sacar así ventaja.[4]

Por razones que podrían llenar todo un libro, la historia demostró que, afortunadamente, el ataque no se llevó a cabo. Sin embargo, el punto clave aquí es que las condiciones para un ataque sorpresa contra Estados Unidos *existieron* en 1984, tal como lo vaticinó el programa del código del tiempo.

En la siguiente fecha, el país no tuvo tanta suerte. El programa calculó que la próxima ocasión en que podíamos esperar unas condiciones que condujeran a la «sorpresa» y al «ataque» sería en el año 2001, precisamente cuando sucedió (figura 1).

Resultados del programa del código del tiempo		
Fecha semilla	1941	
Evento semilla	Estados Unidos es «sorprendido» y «atacado»	
Fechas calculadas para la repetición de condiciones		**Eventos ocurridos**
Fecha 1	Agosto de 1984	Planificación de ataque preventivo contra Estados Unidos
Fecha 2	Junio de 2001	Planificación de ataque terrorista contra Estados Unidos, perpetrado más tarde

Figura 1. Ejemplo de cómo los patrones fractales se manifiestan como eventos en el tiempo. El ataque sorpresa a Estados Unidos de 1941 sembró la «semilla» de un ciclo que continúa hasta la actualidad. El programa del código del tiempo utiliza los principios de los patrones fractales y de los ciclos naturales para decirnos cuándo podemos esperar que se repitan las condiciones de sorpresa y de ataque de 1941 (ver el Apéndice A).

Aunque la relación que existe entre estas fechas merece un estudio adicional, hay tres que no podemos pasar por alto:

1. Basado en una fecha semilla documentada, una vez que se pusieron en marcha las condiciones de sorpresa y ataque, la fórmula del código del tiempo identificó de manera exitosa las dos próximas ocasiones en que Estados Unidos podía esperar que se repitieran esas condiciones.
2. En las dos fechas pronosticadas, realmente existió un plan para sorprender y atacar el país.
3. En una de ellas, el plan fue ejecutado.

La información es clara. Aunque este ejemplo se aplica a un único acontecimiento terrible que, en la actualidad, forma parte de nuestra historia, es solo eso: un *ejemplo* para ilustrar cómo pueden relacionarse los sucesos dentro de un ciclo. Sin embargo, la calculadora del código del tiempo también funciona en otros casos. Desde las alegrías y crisis personales hasta las guerras y la paz entre las naciones, parece que las condiciones que conducen a los momentos decisivos de la vida se repiten de forma cíclica. Ahora, debemos preguntarnos lo siguiente:

- ¿Qué significan hoy esos patrones?
- ¿Qué pueden decirnos sobre nuestro futuro?
- ¿El código del tiempo de la naturaleza puede arrojar alguna luz sobre las inquietantes predicciones para la misteriosa fecha maya del 2012?
- ¿Puede ofrecer este programa una base sólida a las creencias de muchos gurúes de la Nueva Era, de numerosos profetas de autoayuda y de todas las grandes religiones y tradiciones espirituales de los últimos cinco mil años?

En los capítulos siguientes se responderá en detalle cada una de estas preguntas, y aprenderemos a pensar en el tiempo y en los acontecimientos que suceden en el mundo desde una perspectiva nueva y eficaz. Aplicaremos estos nuevos conocimientos a aspectos que van desde nuestra vida personal hasta nuestro futuro global. Sin embargo, para que esta perspectiva tenga sentido, tenemos que pensar en nuestro mundo desde el punto de vista de quienes dedicaron sus vidas a entender los grandes ciclos del tiempo: los cronometradores de la Antigüedad. ¿Qué mejor forma de comenzar que explorando su visión del tiempo y las grandes eras mundiales de antaño?

Capítulo 2

Nuestro viaje a través del tiempo: la doctrina de las eras mundiales

De todos los grandes credos del mundo, el hinduismo es la única religión consagrada a la idea de que el cosmos sufre un número inmenso y realmente infinito de muertes y renacimientos.

CARL SAGAN (1934-1996), pionero de la astronomía

Nuestros antepasados lejanos entendieron el verdadero significado astronómico que se esconde detrás de la doctrina de las eras mundiales.

JOHN MAJOR JENKINS, experto en cosmología mesoamericana

En las mentes de los ancianos indígenas hay pocas dudas de que los sucesos de la actualidad son manifestaciones de las profecías de sus antepasados sobre el fin del tiempo. Aunque muchos detalles de estas profecías han estado envueltos en un velo de silencio para preservar su integridad, quienes los han considerado sagrados ahora los comparten abiertamente con el mundo. Sienten que ya ha llegado la «hora», y consideran que personas de todos los credos y naciones pueden beneficiarse de la sabiduría del pasado. Aunque los detalles acerca de cómo podemos reconocer el significado del inicio del siglo XXI varían de una tradición a otra y de unos relatos a otros, los temas comunes entretejen las diferentes profecías para formar una historia consistente. Las del pueblo hopi, en el desierto del suroeste norteamericano, nos ofrecen un hermoso ejemplo.

Los cuatro mundos del pasado

Con palabras sencillas y directas, los hopi cuentan un relato que muchas personas de hoy en día prefieren ver como una metáfora del pasado en lugar de una historia real. Tal vez sea más fácil imaginar en estos términos la siguiente profecía. Si la historia es cierta, habla de un pasado demasiado inquietante y doloroso como para que muchos lo acepten.

Es la historia de la Tierra y la humanidad, salpicada de momentos en los que ha sucedido lo impensable: el planeta cambió tan rápida y drásticamente que la vida, tal como era conocida antes del cambio, desapareció para siempre. En su importante libro *Meditaciones con los hopi* publicado en 1986, el académico Robert Boissiere ilustra la claridad y simplicidad de la cosmovisión hopi. A continuación, incluyo algunos fragmentos de los relatos que recopiló durante los años que vivió con ellos, tras haber sido aceptado como un miembro de esa cultura.

Sobre la destrucción del primer mundo:

> Los sobrevivientes del primer pueblo se mudaron con el pueblo hormiga para estar a salvo cuando Sotuknang [el cielo dios] destruyó a Tokpela –el primer mundo– con fuego.[1]

Sobre la destrucción del segundo mundo:

> [Entonces] algunos se volvieron codiciosos, como si la vida fuera muy abundante. La codicia los llevó a pelear entre sí... y Taiowa [el Creador] le dijo a Sotuknang: «¡Destruye este segundo mundo!». El [segundo] mundo se congeló por completo de un polo a otro, y, con ese desequilibrio, el mundo dejó de girar por un tiempo.[2]

Sobre la destrucción del tercer mundo:

> En [este] tercer mundo, la humanidad creció y creció, propagándose por doquier... Algunos pueblos se hicieron tan poderosos que

> declararon la guerra a otros y los aniquilaron con sus máquinas..., y entonces Sotuknang destruyó el tercer mundo. Una gran inundación cubrió la Tierra, y llovió durante una luna llena.[3]

Estos fragmentos describen tres grandes ciclos de tiempo, tres mundos anteriores al cuarto que vivimos en la actualidad. Los tres concluyeron con un gran cataclismo: el primero con terremotos y el hundimiento de continentes, el segundo, cuando la Tierra se cubrió de hielo y el tercero, con una gran inundación. La profecía dice que el cuarto mundo terminará en nuestra época y que pronto estaremos viviendo en el quinto.

A pesar de que sus palabras no tienen base científica, la descripción hopi de los acontecimientos que pusieron fin a cada era es inquietantemente similar a la historia de la Tierra que ofrecen los vestigios geológicos. La información obtenida recientemente mediante el estudio del sedimento oceánico y los núcleos de hielo polar confirma que el planeta pasó realmente por una historia cíclica de cataclismos de fuego, hielo y agua, así como por períodos de recuperación. Hace unos veinte mil años hubo una época de terremotos y de actividad volcánica, la era del hielo alcanzó su punto culminante hace unos once mil años y se produjo una inundación hace aproximadamente cuatro mil o cinco mil años, que se cree fue el diluvio bíblico.

Según los hopi, los mismos ciclos de tiempo y naturaleza que anunciaron dichos cambios en el pasado, en la actualidad están llevando este mundo a su conclusión, a medida que comienza el siguiente. Lo que hace que la cosmovisión hopi sea tan importante con respecto al futuro es su precisión con relación al pasado. Es importante señalar que sabían de estos ciclos mucho antes de que los investigadores modernos pudieran confirmarlos de forma científica. Si este conocimiento primitivo de los ciclos es tan preciso con respecto al pasado, ¿qué significado tienen entonces sus predicciones de lo que sucederá en el futuro?

Nuestro viaje a través del Zodíaco

Desde las tradiciones orales de los hopi hasta los vestigios de los antiguos sumerios, que datan de hace cinco mil años, un creciente número de evidencias sugiere que los seres humanos han sabido, desde hace mucho tiempo, de nuestro viaje a través del firmamento. Conocían que las estrellas y constelaciones del cielo nocturno parecen cambiar su posición en el espacio a medida que se mueven.

Así como el sol que brilla en el hemisferio norte parece estar más bajo en el cielo durante el invierno que en el verano, las constelaciones parecen elevarse en momentos y lugares diferentes, dependiendo de dónde estemos en nuestro viaje. Este cambio, conocido como la precesión de los equinoccios, fue registrado por muchas civilizaciones, desde la antigua India hasta Egipto. Lo más importante de la precesión es que el aspecto del cielo nocturno cambia con el paso del tiempo a medida que viajamos a través del firmamento.

Históricamente, nuestro viaje por el universo ha sido descrito como un trayecto circular que nos lleva por los doce signos del Zodíaco. Como pasamos por doce constelaciones, a cada una se le asigna una parte del círculo (12 constelaciones x 30 grados cada una = 360 grados de la órbita).

Los registros históricos muestran que nuestra velocidad a través del firmamento ha variado a lo largo de la historia. Los satélites modernos revelan que la Tierra tarda unos 72 años en atravesar un grado de nuestra órbita zodiacal. Esto significa que, en el momento actual, se requieren unos 2.160 para atravesar completamente un signo del Zodíaco. Esto tiene mucho sentido, pues se cree que la actual Era de Piscis comenzó hace unos dos mil años, y que nos estamos acercando a su fin a medida que entramos a la nueva Era de Acuario.

Teniendo en cuenta la velocidad con que actualmente se desplaza la Tierra por el cosmos, nuestro viaje por las doce constelaciones dura alrededor de 25.625 años, cifra que suele redondearse en 26.000. Este es nuestro viaje a través del Zodíaco, nuestra «precesión» a través de los equinoccios. Nuestro conocimiento de este viaje da un significado aún mayor a la teoría de las eras mundiales, así como a nuestro paso por el cosmos.

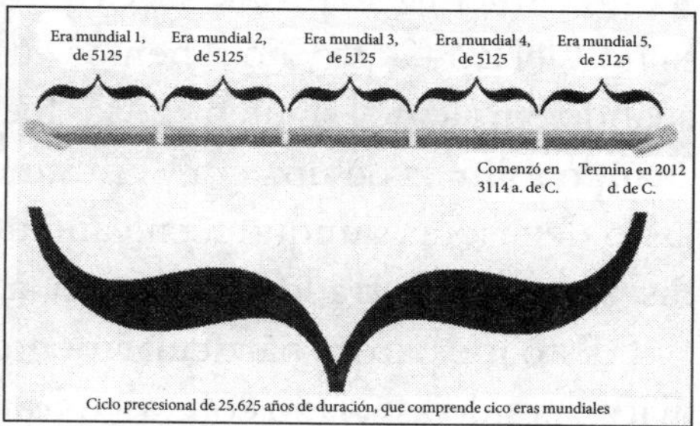

Figura 2. Civilizaciones antiguas, como la griega y la egipcia, utilizaron las constelaciones cambiantes del firmamento nocturno para señalar el progreso de nuestro viaje de 25.625 años a través del Zodíaco. *Izquierda:* en cada período de tiempo, la Tierra pasa por cinco eras mundiales, cada una de las cuales dura 5.125 años. *Derecha:* si dividimos la duración del ciclo zodiacal completo (25.625 años) por la duración de la actual era mundial (5.125 años), el resultado es exactamente cinco. En otras palabras, hay cinco eras mundiales en el ciclo completo de nuestro viaje a través de los signos zodiacales.

Código del tiempo 7: las antiguas tradiciones dividieron la órbita de 25.625 años de la Tierra a través de las doce constelaciones del Zodíaco –la precesión de los equinoccios– en cinco eras mundiales de 5.125 años de duración cada una.

El significado de las eras

Como la velocidad de nuestro viaje a través de las constelaciones ha variado en el pasado, existen diversas ideas sobre cuándo termina exactamente una era zodiacal y cuándo comienza la siguiente. Esto es importante porque el nombre que le damos a nuestra época en la historia –nuestra era zodiacal– viene determinado por la constelación que ofrece el telón de fondo del sol naciente en el día del equinoccio de primavera (vernal) cada año. Actualmente, por ejemplo, estamos en la Era de Piscis.

Se cree que esta era comenzó hace 2.160 años, poco antes de la época de Jesús. En el 2008, hicimos la transición *de* la Era de Piscis *a* la Era de Acuario. Sin embargo, esta transición no es rápida. Como he dicho anteriormente, el cambio es más un proceso que un único acontecimiento. El problema es que no existen límites claros entre los signos del Zodíaco, y no sabemos cuándo termina exactamente uno y cuándo empieza el siguiente. Más bien, se presenta una superposición cuando salimos de una era y entramos en la posterior. Así pues, sería justo decir que, aunque técnicamente nos encontramos en la Era de Piscis, hemos entrado también en la zona de la Era de Acuario.

Esto me parece particularmente interesante, pues cada signo zodiacal ha sido asociado con rasgos que son únicos de su momento histórico. Probablemente, no sea una coincidencia que, antes de la actual Era de Piscis, la cabeza del carnero que representa la constelación de Aries haya jugado un rol tan importante en el mundo antiguo. Por ejemplo, los egipcios de la era del Nuevo Reino (del siglo XVI a. de C. al XI d. de C.) incorporaron el símbolo de Aries a su representación del dios sol con cabeza de carnero, Amen Ra. Y quizá no sea casual que los primeros cristianos eligieran para su religión el mismo símbolo que el de su era zodiacal: los dos peces en sentido opuesto de Piscis.

En su hermosa interpretación del significado de las eras zodiacales, Caroline Myss, autora e intuitiva médica, describe así la dualidad del símbolo de Piscis:

> [...] la característica fundamental de Piscis (dos peces nadando en direcciones *opuestas)* se expresa por una necesidad continua de dividir y conquistar, de separar y estudiar, de dividir entre Oriente y Occidente, cuerpo y alma, hombre y mujer, yin y yang, quienes utilizan el hemisferio izquierdo del cerebro y quienes emplean el derecho, las personas intuitivas y las intelectuales.[4]

Podría decirse que estas han sido las características distintivas de nuestro mundo durante los últimos dos mil años.

Como no existe un límite claro entre el fin de una era y el comienzo de la siguiente, actualmente experimentamos una transición que representa las cualidades de ambas: entre los atributos de Era de Acuario y los de la Era de Piscis. Una vez más, Myss describe con elocuencia esta transición:

> [...] la conciencia acuariana contiene el modelo del holismo para unir a la humanidad. Por lo tanto, el holismo se ha convertido en el modelo de la medicina, en el entorno para el comienzo de una comunidad global y la forma en que nos modelamos a nosotros mismos: cuerpo/mente/espíritu. El holismo se ha convertido en el nuevo impulso del alma. Actualmente estamos viviendo entre dos eras: la mitad en Piscis, una era de separación, y la mitad en Acuario, una era de unidad y de holismo.[5]

Aunque la fecha precisa de las eras zodiacales varía, desde alrededor del 9600 a. de C. hasta la actualidad, no sucede lo mismo con las descripciones generales de lo sucedido durante las últimas seis. A fin de identificar cada era, los expertos e historiadores han elegido un acontecimiento definitivo que marca cada período de tiempo. El siguiente es un breve resumen de esas características:

Era del Zodíaco	Evento histórico definitivo
Leo	Calentamiento global/derretimiento de los glaciares
Cáncer	Diluvio bíblico
Géminis	Aparición de los alfabetos y la escritura
Tauro	Civilización egipcia
Aries	La Edad del Hierro
Piscis	El surgimiento del cristianismo

Figura 3. Las últimas seis eras zodiacales y sus eventos decisivos. Aunque ciertamente sucedieron otros acontecimientos, estos son utilizados como puntos de referencia para facilitar las comparaciones históricas.

Hay lugares en el mundo donde los antiguos cronometradores utilizaron símbolos específicos para describir los ciclos de las eras zodiacales, así como otras eras mundiales más prolongadas. Las rocas de los templos donde grabaron sus mapas del tiempo han preservado su mensaje de un modo inconfundible. Gracias a la claridad de sus registros, cualquier duda que pueda existir sobre si nuestros antepasados, o al menos algunos de ellos, entendieron los movimientos de la Tierra a través de las eras se desvanece rápidamente.

Uno de los artefactos más claros, y también uno de los más misteriosos, es el hermoso disco zodiacal del techo del templo de Dendera, en la orilla oeste del río Nilo, en Egipto.

El misterio del Zodíaco de Dendera

El sol ya se había ocultado en la espesa bruma crepuscular del valle del Nilo cuando llegamos al templo. Nuestra exploración del Valle de los Reyes, cerca de Luxor, había comenzado poco antes del amanecer de ese día. «¡Qué hermoso lugar para terminar la jornada! –pensé–. El templo de Dendera, construido en el siglo I a. de C., en honor a la diosa Hathor y a los antiguos preceptos curativos».

Pocos días antes, me había encontrado con el egiptólogo John Anthony West, en el vestíbulo de un hotel de El Cairo. Ambos recorríamos Egipto, cada uno con un grupo diferente, y acordamos reunirnos para pasar juntos una velada de diálogo y conversación. Fue entonces cuando West me dio una copia de su reciente libro *La llave del viajero al antiguo Egipto.* En el capítulo 17, encontré una imagen y una descripción del lugar que constituía uno de los principales destinos de nuestro viaje. Era una cámara situada entre los techos del templo al que acabábamos de llegar: el templo de Hathor en Dendera.[6]

El resplandor fantasmagórico del atardecer invadía el valle, y teníamos que aprovechar cada minuto. Sabía que contábamos con menos de media hora de luz antes de que las autoridades cerraran el templo y nos obligaran a salir. Aunque una parte del grupo siguió a nuestro guía egipcio por los pasillos jalonados de inmensas columnas y jeroglíficos en alto relieve, otros me siguieron por los pasadizos altos y estrechos hasta la parte superior. Al cruzar una esquina, vi las pronunciadas escaleras que conducían a los santuarios superiores. Aquello era lo que estaba buscando.

Sabía que un poco más allá del final de las escaleras, se hallaba la cámara de la que había hablado con West en El Cairo: el mismo por el que había recorrido medio mundo para poder ver con mis propios ojos. Tras subir la escalera y encontrarme en el espacio iluminado del techo del templo, seguí el pasillo hasta llegar a un pequeño habitáculo con un techo tan bajo que tuvimos que agacharnos para entrar. La luz tenue del atardecer que se había colado por la puerta no alcanzaba a iluminar la pequeña cámara, así que cerré los ojos durante unos segundos para adaptarme a la oscuridad. «¡Ahí está! –escuché que alguien susurraba asombrado–. ¡Qué hermoso es!». Miré hacia donde señalaba el visitante, y descubrí que me encontraba justamente debajo de la antigua reliquia que tanto valor daba al templo. Justo encima de mí, incrustado en la piedra del techo, había un disco de arenisca de dos metros y medio de diámetro: el misterioso Zodíaco de Dendera.

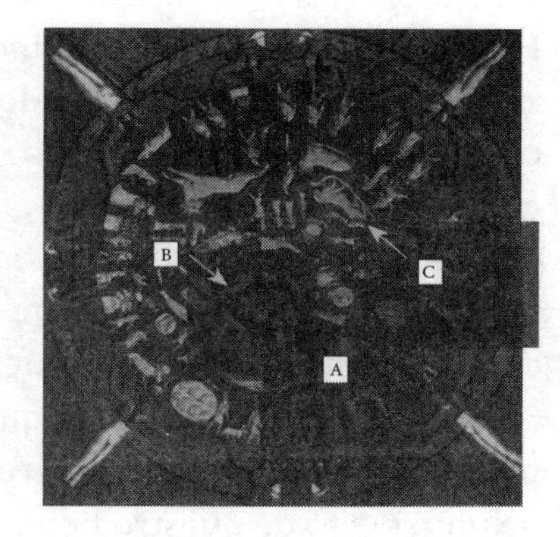

Figura 4. *Izquierda:* el disco zodiacal del templo de Hathor, en Dendera, Egipto. *Derecha:* dibujo esquemático del Zodíaco de Dendera, donde se ven las constelaciones con el aspecto que tenían en la época en que fue construido.

Este antiguo mapa celestial en alto relieve contiene toda la información necesaria para calcular el viaje de la Tierra desde un signo zodiacal al siguiente durante un ciclo precesional de 25.625 años. A pesar de que todavía existe cierta controversia acerca de si estas antiguas civilizaciones conocían este ciclo o no, yo no tuve la menor duda de que contemplaba la prueba innegable de que los escultores del Zodíaco de Dendera efectivamente tenían conocimiento de él, y era realmente profundo.

Al observar el disco, me sentí hipnotizado. Era más hermoso y detallado de lo que había imaginado, mucho más que un simple bosquejo bidimensional de los conocidos signos del Zodíaco. Desde las imágenes del centro del disco que representan las estrellas polares, las cuales cambian cada quince mil años (Thuban, la estrella polar durante la época del éxodo bíblico de los judíos desde Egipto; Polaris, nuestra actual estrella polar, y Vega, la de la próxima era mundial), hasta el alineamiento de las constelaciones de Sagitario y Escorpión, que muestran el camino al misterioso centro de nuestra galaxia, estaba claro que quienes diseñaron este sorprendente artefacto pudieron rastrear el movimiento de nuestro planeta a través de las estrellas.

Si había alguna duda sobre la precisión del Zodíaco, esta desapareció rápidamente cuando reconocí el deliberado alineamiento del templo con Sirio, la estrella más brillante del firmamento. En la escritura jeroglífica egipcia, este cuerpo celeste se asocia generalmente con Horus, una forma del dios egipcio de la luz. En el Zodíaco de Dendera, vemos a Horus representado en dos lugares: está simultáneamente colgado del tallo de un papiro localizado precisamente a lo largo del eje del templo (ver la figura 4, flecha A), así como en el eje norte/sur que toca el signo de Cáncer, que es donde el sol habría salido e iluminado el mapa del firmamento del propio disco durante el solsticio de verano en el que se construyó el templo (ver la figura 4, flecha B).[7]

Precisamente debido a que el Zodíaco de Dendera parece tan preciso, uno de sus misterios, relacionado con la descripción que hace de un aspecto de nuestro tiempo en la historia, resulta especialmente significativo: la transición entre las eras de Piscis y Acuario. Tal como puede verse en la figura 4, los doce signos zodiacales están razonablemente próximos entre sí dentro del disco. Cada uno sigue al signo anterior y precede al siguiente tan de cerca que no hay espacio para otros símbolos, salvo en el caso de Piscis, el signo zodiacal de los últimos dos mil años, y Acuario, el signo en el que estamos entrando.

Existe una gran cantidad de espacio entre el pez pisciano y el aguador acuariano, algo que, en ocasiones, se ha considerado una «anomalía» o «discontinuidad» entre los dos signos. Lo que hace que este espacio en el disco del Zodíaco de Dendera resulte particularmente interesante es que el área también tiene un símbolo peculiar, conocido como el *Cuadro de Pegaso* (ver la figura 4, flecha C), que aparece entre los dos peces de Piscis y tiene unas marcas que no pueden leerse en el disco. La tradición asocia este símbolo con un artefacto real –una tablilla– que contiene los que se han llamado *programas del destino*.

¿Cómo podrían relacionarse los programas del destino con nuestra experiencia de la transición entre los signos zodiacales y las eras mundiales? ¿En qué sentido el curioso espacio que solo aparece entre los dos signos zodiacales correspondientes a nuestra época de la historia puede vincularse al fin de nuestra era mundial?

Aunque los expertos siguen especulando sobre las respuestas a ambas preguntas, es probable que no tengamos que esperar mucho tiempo para entender lo que nos dice el disco. Obviamente, se trata del *aquí* y del *ahora.* Es evidente que el Zodíaco de Dendera es un mensaje sobre el tiempo. Claramente, el disco que vi en el techo de la cámara es un mapa antiguo de nuestro viaje a través del tiempo, un reloj celestial que todavía marca los cambios de nuestra ubicación en el firmamento.

El Zodíaco de Dendera es el único artefacto de este tipo conocido en la actualidad. Aunque todavía se especula sobre si el disco fue construido en otro lugar y transportado al templo, o si pertenece a los mismos que lo erigieron, una cosa es cierta: quienquiera que haya elaborado el disco del Zodíaco de Dendera entendió nuestro viaje a través del firmamento y, al entenderlo, también nos indicó cuándo esperar la gran transición de una era mundial a la siguiente.

****

Posteriormente, supe que el disco instalado en el templo de Dendera es una réplica exacta del original, que fue vendido al museo del Louvre en París. En un intento por recrear los detalles más sutiles del disco original, la réplica fue ennegrecida del mismo modo en que se descubrió el original, el cual, con el paso de los siglos, había acumulado humo y hollín a causa de los fuegos de la planta inferior. (Tuve la oportunidad de ver el disco original en París poco tiempo después, y me alegró constatar que la reproducción es una copia fidedigna del original.)

La doctrina de las eras mundiales

El Zodíaco de Dendera nos dice que, mucho antes de que los científicos modernos comenzaran a estudiar seriamente las implicaciones que tenía la posición de la Tierra en el firmamento, las antiguas civilizaciones ya lo habían hecho. Desde las tradiciones orales de los pueblos indígenas de Norteamérica y Sudamérica hasta los registros escritos de las culturas que habitaron la antigua India, el Tíbet y Centroamérica, sabemos que las civilizaciones del pasado identificaron puntos claves en la trayectoria de nuestro planeta por el espacio, así como patrones en las estrellas que nos indican cuándo llegamos a esos puntos. Y lo hicieron utilizando algo más que conjeturas o supersticiones: se valieron de la ciencia.

Concretamente, pusieron en práctica su conocimiento de que la órbita de la Tierra alrededor del Sol y su energía radiante son parte de una órbita más grande que nos lleva alrededor de la energía que irradia desde el núcleo de nuestra galaxia. Sabían también que, en ciertos puntos de nuestro viaje, la orientación del planeta produciría cambios que afectarían a la vida y las civilizaciones terrestres. Aunque es probable que el conocimiento de la trayectoria de la Tierra durante períodos tan prolongados haya surgido hace mucho tiempo, dista de ser una idea primitiva. De hecho, es algo que se basa en un conocimiento muy complejo de los ciclos planetarios y galácticos, y de la forma en que influyen en nuestro viaje por el espacio sideral.

Cada 5.125 años, los cambios naturales de la posición de la Tierra en el espacio crean un alineamiento astronómico que marca el fin de un ciclo alrededor de la galaxia y el comienzo del siguiente. Estos períodos se conocían en la Antigüedad como *mundos* o *eras mundiales*. Los cambios en el clima, el nivel del mar, las civilizaciones y la vida que acompañaron a las transiciones del pasado fueron tan grandes que, cuando ocurrieron, se dijo que el mundo existente había terminado. Debo aclarar que no se trata de la extinción del planeta, sino de un cambio de nuestra ubicación en la órbita.

Así como el fin de la noche es una parte necesaria de nuestro día de 24 horas y posibilita que surja el día que le sigue, el fin de una era es una parte necesaria de nuestro ciclo de 5.125 años que da inicio al siguiente. Como lo describe hermosamente John Major Jenkins en su libro *Cosmogénesis maya*, los mayas realmente concibieron el tiempo de una era mundial como un período de gestación.[8]

En lugar de dar nacimiento a una vida individual, como sucede en la fase final de la gestación humana, los mayas presagiaron algo mucho más grande. Veían las condiciones de la galaxia como una forma ideal de ejercer de «comadrona» cósmica. Con esta perspectiva, el gran nacimiento que facilita el 2012 es de carácter espiritual: el salto evolutivo de la humanidad en respuesta a los cambios cíclicos de la órbita terrestre. Actualmente, el conocimiento de la existencia de estos ciclos y sus consecuencias se conoce como la *doctrina de las eras mundiales*.

Código del tiempo 8: la posición de la Tierra dentro de nuestra galaxia produce cambios poderosos que señalan el fin de una era mundial y el comienzo de la siguiente. El conocimiento de estos cambios cíclicos se denomina doctrina de las eras mundiales.

El estudio de los vastos ciclos de tiempo requeridos para una era mundial es una ciencia que apenas empezamos a reconocer en el mundo moderno. Sería beneficioso que lo hiciéramos, porque el secreto que guarda este conocimiento tan importante podría darnos la clave para evitar el sufrimiento que experimentaron nuestros antepasados la última vez que un gran ciclo de 5.125 años llegó a su fin.

Las eras mundiales coinciden

Entre las tradiciones más antiguas y apreciadas de nuestro pasado, existe una notable coincidencia en sus descripciones de anteriores mundos y de cómo cada uno de ellos se extinguió.

Probablemente, lo más siniestro que comparten es que el evento catastrófico que produjo el fin de cada era y dio paso a la siguiente era considerado una «limpieza» necesaria que allanaba el camino para el siguiente ciclo.

Comparación de referencias de las eras mundiales			
Tradición	Número de eras mundiales	Nombre de las eras	Cómo termina cada una
Hopi	4	Mundos	Cataclismo
Antigua India	4	Yugas	Cataclismo
Azteca	5	Mundos	Cataclismo
Maya	5	Grandes ciclos	Cataclismo

Figura 5. Una breve comparación de diversas tradiciones antiguas muestra el denominador común de las eras y los ciclos mundiales. Aunque su número varía, la forma en que cada una de ellas termina es la misma. Cada tradición describe un evento que «limpia» una era y prepara al mundo para la siguiente.

Generalmente, se acepta que el primer registro escrito sobre las eras mundiales se encuentra en los Vedas, la literatura tradicional de la antigua India. Aunque la transmisión oral de estas mismas historias probablemente existiera varios miles de años antes de su aparición escrita, los textos formales no surgieron hasta aproximadamente el 1500 a. de C. Aunque los Vedas iban dirigidos a los más eruditos, se escribió otro conjunto de textos para el uso de la población general. Son los dieciocho libros conocidos como los Puranas, que contienen la esencia de la literatura védica.

Los Vedas describen enormes períodos de tiempo, tan extensos que desafían nuestra concepción moderna del pasado. Estos textos incluyen el conocido *Rigveda,* así como el *Samaveda,* el *Yajurveda* y el *Atharvaveda,* en los cuales encontramos algunas de las primeras descripciones de cómo el universo es periódicamente creado y destruido, y renace tras largos períodos de tiempo llamados *ciclos yuga,* o simplemente *yugas.*

Es interesante que la duración actual de cada yuga esté determinada por la interpretación de los propios textos. Tal como sucede con muchos escritos antiguos, las interpretaciones varían entre sí. En su investigación académica sobre la cosmología védica, *Misterios del universo sagrado*, el matemático Richard L. Thompson reconoce los distintos puntos de vista:

> Existe una controversia sobre la historia del sistema de los *yugas*. La visión tradicional en India es que los *yugas* son reales y que, por lo tanto, han existido desde hace millones de años. La opinión de los historiadores modernos es que son simples ideas que se desarrollaron históricamente a través de una serie de etapas".[9]

Sin embargo, los académicos parecen estar de acuerdo con respecto al funcionamiento de los yugas.

Los ciclos védicos de creación y destrucción se basan en una serie repetitiva de cuatro yugas, y cada uno representa un período de duración diferente. En conjunto, forman una progresión escalonada de períodos cada vez más largos, determinados por la multiplicación del yuga más corto por la simple fórmula de 1:2:3:4. En la interpretación tradicional, el Kali Yuga es el ciclo más corto y dura 1.200 años –se multiplica por el primer número de la fórmula, el 1, para determinar su duración–. El Dvapara Yuga, el siguiente ciclo de la serie, se calcula al multiplicar la duración del Kali por el siguiente número de la fórmula, el 2, con lo que se obtiene una duración de 2,400 años.

Siguiendo la misma fórmula, el Treta Yuga y el Satya Yuga (también conocido como Krita) duran 3.600 y 4.800 años respectivamente.

¿Tiempo humano o tiempo divino?

Por ahora todo bien. Sin embargo, el problema es que los textos identifican los yugas como *años divinos,*[10] y es aquí donde surge la incertidumbre. Los expertos tienen opiniones diferentes sobre qué significa exactamente un año divino para nosotros aquí en la Tierra. Thompson resume esta incertidumbre al formular la siguiente pregunta: «¿Podría ser que los ciclos divinos y humanos de 12.000 años formen parte del sistema de yugas, y uno represente los eventos a escala cósmica y el otro refleje el insignificante ritmo de los asuntos humanos?».[11]

Esta posibilidad me parece fascinante debido a la naturaleza del universo y el tiempo. Los científicos afirman que ambos están constituidos de pequeños ciclos dentro de otros más grandes, que se encuentran a su vez dentro de otros más grandes, y así sucesivamente. En otras palabras, son fractales. En la propia estructura de un fractal hay un patrón que se repite de formas similares a diferentes escalas.

Tal vez se llegue a descubrir que quienquiera que haya diseñado los antiguos yugas entendía a la perfección estos principios fractales. En ese caso, podríamos utilizar el sistema védico del tiempo para ir más allá del simple recuento de días, siglos y milenios. De hecho, es probable que los yugas describan una relación especial entre nosotros y el tiempo: una interacción fractal entre planetas, galaxias y nuestras vidas, descrita por el antiguo axioma: «Lo que sucede arriba sucede abajo».

Aunque es probable que los expertos en los Vedas no se pongan de acuerdo a la hora de determinar la duración de un año divino, sí coinciden en que los cuatro yugas tradicionales equivalen a un *yuga divino*. En otras palabras, 12.000 años divinos equivalen a 4.320.000 años de tiempo terrestre. Si tenemos en cuenta que un solo día de Brahma, el Dios hinduista de la creación, equivale a mil de estos ciclos (4.320.000.000 años de tiempo terrestre), tal vez no sea una coincidencia que esta cifra se aproxime tanto a los cálculos científicos sobre la edad de la Tierra, unos 4.500.000.000 años.

En los textos tradicionales, cada uno de los yugas se multiplica por un número sagrado para convertir los años divinos en humanos, que son más largos. El factor de conversión es el número más elegante y poderoso que define una de las formas más misteriosas del universo: el círculo –el número que lo define es 360–. Si aplicamos este factor de 360 a los yugas descritos previamente, vemos de dónde viene la controversia y la incertidumbre.

Si multiplicamos los 1.200 años tradicionales del Kali Yuga por 360, la cifra aumenta a 432.000 años. Si hacemos la misma multiplicación, el Dvapara Yuga pasa de 2.400 a 864.000 años; el Treta Yuga, de 3.600 a 1.296.000, y el Satya Yuga, de 4.800 a 1.728.000. Así, estos ciclos se transforman en períodos de tiempo sumamente extensos que trascienden nuestra sensibilidad y desafían nuestras ideas actuales del tiempo y de la historia de la humanidad.

Como he mencionado anteriormente, algunos expertos han sugerido que estos valores se basan en una interpretación esotérica de los textos originales que no tiene que ver con los años humanos en la Tierra. Es probable que, precisamente por esa razón, las interpretaciones alternativas de los textos originales sean cada vez más populares. Aunque estas lecturas aún describen los cuatro ciclos yuga, lo hacen con períodos de tiempos más cortos. Las obras de Sri Yukteswar Giri[12] y del reconocido astrólogo y doctor David Frawley (Vamadeva Shastri)[13] son ejemplos de estas interpretaciones actualizadas.

Frawley describe ciclos yuga de unos 2.400 años basándose en su interpretación del texto tradicional Manú Samhita.[14] Los expertos modernos se inclinan por esta interpretación porque se adapta más a lo que sabemos actualmente sobre la precesión de los equinoccios. Frawley sugiere también que los yugas más cortos indican las edades de figuras históricas importantes de la India, como Lord Krishna, en un contexto significativo que guarda relación con la edad aceptada de la historia humana.

Menciono tanto la perspectiva tradicional como alternativa de los yugas para demostrar que, incluso entre los expertos en los Vedas, no hay unanimidad en lo que se refiere a la duración y el tiempo de los ciclos. *Lo que importa es que, aunque la interpretación de la duración de los yugas varía de miles a cientos de miles de años, el número de yugas en un ciclo dado permanece igual.* Los Vedas, al igual que el calendario maya, coinciden en su visión de la historia del mundo bajo la forma de cuatro grandes ciclos y en que nos encontramos en el final de uno de ellos.

Señales de la era

Los eruditos de los Vedas, además de coincidir en que cada ciclo contiene cuatro yugas, también están de acuerdo en que cada uno aporta a la era una cualidad específica. Cada una de estas cualidades describe una forma de autorrealización que está relacionada con la posición de la Tierra en el firmamento. Cuanto más cerca permanezcamos del núcleo de nuestra galaxia, mayor será nuestro grado de iluminación. Sin embargo, cuando nos hallamos en las zonas más distantes de la órbita, los esfuerzos para encontrar nuestra iluminación personal deberán ser mayores.

La tradición sostiene que, en cada era, tiene lugar un 25% de cambio en el grado de iluminación de la cultura colectiva con respecto al ciclo anterior. De esa forma, cuando estamos en la parte ascendente de la órbita que hace que la Tierra se sitúe más cerca del núcleo de la Vía Láctea, adquirimos una mayor conciencia. Por el contrario, cuando describimos la órbita descendente que aleja a nuestro planeta del núcleo, sucede precisamente lo contrario. A través de estos aspectos podemos ver el gradual y temporal auge y declive de la conciencia espiritual que acompaña a la progresión de los ciclos más claros a los más oscuros.

- Según las interpretaciones tradicionales, se dice que el SATYA YUGA ha sido la última era dorada de luz. Es descrita como una época de paz, sabiduría y gran iluminación, en la que, sostiene la literatura védica, los seres humanos tenían una esperanza de vida prácticamente ilimitada. Para quienes vivieron durante esa era, este ciclo de paz y sabiduría habría sido el momento ideal para disfrutar de semejante longevidad.
- Aunque el próximo período, el TRETA YUGA –o la edad de plata– aún se describe como un tiempo de gran virtud, se dice que tiene un 25% menos de iluminación que el Satya Yuga, que tiene una mayor duración. Con esta pérdida de conciencia, la esperanza de vida humana se reduce a un máximo de 10.000 años.
- El tercer yuga del ciclo es el DVAPARA YUGA –o la edad de bronce–. En esta época las personas perdieron el 50% de su iluminación, y se dice que en ella el carácter humano estuvo igualmente dividido entre «la virtud y el pecado». De nuevo, con el declive de la conciencia, la duración de la vida disminuye a un máximo de 1.000 años.
- Independientemente de la duración de tiempo que los expertos asignen a cada yuga, lo cierto es que el cuarto siempre es el más corto de todos. Esto es una suerte, porque este yuga, el KALI YUGA –también conocido como la edad de hierro o edad

negra–, es el período de mayor oscuridad para la humanidad. También es el ciclo con la esperanza de vida más corta, por lo que los seres humanos viven solo entre 100 y 120 años. Aunque hay excepciones, se dice que la mayoría de los seres que viven en el Kali Yuga han perdido el 75% de la conciencia de sí mismos. Como la mayoría de los expertos coinciden en que no estamos cerca del fin ni hemos completado el Kali Yuga, veremos con mayor detalle lo que significa formar parte de este ciclo.

El yuga oscuro

Los Puranas describen las características históricas que podemos ver durante la oscuridad de un ciclo Kali. Las semejanzas entre estas cualidades identificadas en la Antigüedad y aquellas que parecen impregnar nuestro mundo actual hacen que esta antigua perspectiva resulte tan interesante. Los aspectos más dominantes del ciclo Kali son la discordia, el desacuerdo y las discrepancias. Algunos ejemplos de dichas características son:[15]

- La aparición de gobernantes poco razonables que recaudan impuestos de manera injusta.
- Adicción a bebidas alcohólicas.
- Un período en el que el hambre y la muerte son algo común.
- Una era en la que los indefensos se convierten en objetivo de los depredadores.

Muchas de las anteriores características son asombrosamente similares a las que vemos en nuestro mundo actual. Si realmente estamos viviendo el fin del Kali Yuga, resultan increíblemente precisas, en especial si tenemos en cuenta que fueron registradas hace miles de años.

Según los Puranas, la fecha tradicional que marca el comienzo del Kali Yuga es el 18 de febrero del año 3102 a. de C. La mitología hindú sostiene que el dios Krishna abandonó la Tierra en esa fecha. Aunque, ciertamente, es difícil confirmar los detalles de la partida de Krishna de este mundo hace más de cinco mil años, hay eventos astronómicos que pueden verificarse en algunos registros históricos que también señalan esa fecha.

El autor anónimo de *El libro de los miles*, del siglo IX, describe un patrón de ciclos galácticos de 180.000 años cada uno, que terminan con la conjunción de todos los planetas de nuestro sistema solar en el comienzo del signo zodiacal de Aries.[16] Lo que hace esta teoría tan interesante es que la última conjunción sucedió en la misma época en que una «inundación» anegó todo el planeta (lo cual guarda un parecido inquietante con el diluvio universal de la Biblia). Según los cálculos del autor, la fecha de la conjunción fue un día antes del comienzo del Kali Yuga: el 17 de febrero del 3102 a. de C.

Aunque la interpretación tradicional (divina) de los ciclos yuga sitúa el fin del Kali Yuga muy adelante en nuestro futuro, también sostiene que un subciclo poco común tiene lugar cinco mil años después del comienzo del yuga. Si, como sugiere la tradición, llevamos cinco mil años en el yuga oscuro que comenzó en el 3102 a. de C., ya han transcurrido más de ciento diez años desde el inicio del subciclo único, alrededor de 1898.

Este subciclo es semejante a un oasis en medio de un inmenso desierto. Sugiere que, transcurridos cinco mil años en la parte más oscura de nuestro viaje a través de las estrellas, ocurre un despertar que nos prepara para el resto del ciclo oscuro y para la transición al próximo yuga de luz. Este ciclo dentro de un ciclo es descrito como una época de mayor influencia *bhakti* (palabra sánscrita que significa «devoción»). Se trata, pues, de un período de una devoción exacerbada y se cree que dura alrededor de diez mil años.[17]

Aunque la veracidad de unos períodos de tiempo tan extensos continúa siendo debatida por los expertos, describo este ciclo y su duración por una razón: el hecho de que dure tanto es una clara señal de que las tradiciones védicas *no ven* el 2012 y el fin de nuestra era mundial como el final del planeta en sí. Más bien, parecen coincidir en que la oscuridad del Kali Yuga es una época de agitación necesaria que allana el camino para nuestra evolución de una forma de ser a otra.

Código del tiempo 9: las tradiciones vedas describen un largo período de devoción, expresado en la acción (*bhakti*), que comenzó alrededor de 1898 y que dura más allá del 2012, fecha del fin del ciclo calculada por los mayas.

Independientemente de que utilicemos o no la interpretación tradicional de los yugas, lo cierto es que el mensaje de los ciclos es el mismo. Estamos cerca, en el final, o en una especie de subciclo especial del Kali Yuga, el período más corto y oscuro de la cosmogonía védica. Tal vez no sea ninguna coincidencia que este yuga oscuro se presente solamente durante las épocas en que el calendario maya indica que nos encontramos en el punto más distante del centro de la Vía Láctea.

El hecho de que hayamos llegado a ese punto significa que hemos viajado un trayecto predecible, marcado por puntos predecibles, durante un período de tiempo igualmente predecible. Aunque esto es bien sabido por los expertos védicos de la actualidad, el tema del grado de conocimiento que nuestros antepasados tenían de la trayectoria terrestre a través de las estrellas sigue siendo fuente de acalorados debates en los círculos académicos.

Las edades antiguas de un firmamento antiguo

A fin de ayudar a los científicos a validar alineamientos astronómicos como los de los Vedas, los programas informáticos avanzados de la actualidad tienen en cuenta las conjeturas sobre el aspecto que pudo tener el cielo durante los ciclos anteriores. Utilizando simulaciones producidas con *software* como SkyGlobe™, podemos recrear cualquier parte del firmamento nocturno de cualquier período del pasado, así como averiguar el aspecto que tendrá en cualquier momento del futuro.[18] Este tipo de *software* se ha convertido en una herramienta sumamente útil para explorar la teoría de que los antiguos templos, pirámides y monumentos fueron construidos ajustándose a determinados alineamientos de estrellas y constelaciones. Por ejemplo, en el misterio de la gran esfinge de Egipto, este tipo de exploración se suma a la evidencia de que la estructura fue construida mucho antes del año 2450 a. de C., fecha que habitualmente indican los libros de texto.

Como la misteriosa esfinge de Egipto fue elaborada con una apariencia mitad humana y mitad león, un creciente número de académicos sospechan que fue construida como un indicador perdurable de la transición de la Era de Virgo –la virgen– a la de Leo –el león– en una etapa en la que las eras mundiales hicieron una transición en nuestro pasado lejano. Pero si el paso de una era a otra es tan gradual, la pregunta es: ¿cuándo ocurrió exactamente? El autor e investigador Graham Hancock ha sido el primero en ofrecer una perspectiva revolucionaria de nuestro pasado y también en aportar pruebas concretas que podrían responder finalmente a esta pregunta. En su libro *El espejo del paraíso,* explica:

> Las simulaciones por ordenador muestran que, en el año 10.500 a. de C., la constelación de Leo albergaba al sol en el equinoccio primaveral. Específicamente, las simulaciones muestran que durante la hora antes del amanecer, el león en las estrellas habría aparecido como si se estuviera reclinando hacia Oriente, a lo largo del horizonte, precisamente en el lugar por donde saldría el sol.

Hancock amplió el significado de esta correlación al afirmar:

> Esto significa que la esfinge con cuerpo de león, dispuesta hacia Oriente, habría mirado directamente aquella mañana a esa constelación del cielo que, razonablemente, podría considerarse su homólogo celestial.

Obviamente, se refiere a la constelación de Leo. ¿Qué nos dice esta relación? ¿Es una simple coincidencia que el centinela eterno mitad hombre y mitad león del desierto egipcio esté exactamente alineado con la única constelación que lleva su nombre? Aunque esta relación podría contribuir de manera significativa a resolver el misterio de uno de los monumentos más famosos del mundo, también nos conduce a preguntas aún más profundas.

Si la esfinge fue realmente construida para conmemorar la transición de la Tierra de la constelación de Virgo a la de Leo, y fue construida alrededor del 10.500 a. de C., (aproximadamente en la época en que terminó la última era de hielo), ¿quién la construyó? ¿Quiénes llevaban el recuento de unos ciclos de tiempo tan sumamente extensos que solo una tecnología desarrollada más de quinientas generaciones después pudo confirmar? Y tal vez más importante aún, ¿por qué llevaban la cuenta de esos ciclos?

¿Por qué las civilizaciones, desde Egipto hasta Yucatán, levantaron templos, redactaron textos y erigieron monumentos en su época para inmortalizar una sola fecha que significaría el final del tiempo, más de cincuenta siglos después de la época en que vivieron?

Capítulo 3

El fin del tiempo: nuestra cita con el 2012

Los antiguos humanos sabían algo que parece que nosotros hemos olvidado.

ALBERT EINSTEIN (1879- 1955), físico

Al examinar estas tradiciones básicas [mayas], podemos reconstruir y revivir la revelación original del 2012.

JOHN MAJOR JENKINS, experto contemporáneo en cosmología mesoamericana

El titular circuló por todo el mundo. La primera noticia apareció en Internet el 6 de julio del 2008 y fue un artículo titulado «Miles de personas esperan un apocalipsis en el 2012», extraído en parte de una investigación realizada por ABC News sobre el aumento global de «cultos relacionados con el día del juicio final». La primera frase del artículo decía: «Grupos de supervivencia alrededor del mundo se preparan y llevan la cuenta de una fecha misteriosa que ha sido anunciada durante miles de años: el 21 de diciembre del 2012».[1]

Solo algunas semanas antes, unos veinticuatro miembros de un grupo de catastrofistas rusos –formado en su mayoría por mujeres adultas, pero en el cual figuraban también cuatro niños– salieron de un búnker subterráneo donde se habían encerrado desde noviembre del 2007. El grupo estaba convencido de que mucho antes del 2012 ocurriría lo impensable. Creían firmemente que el mundo se acabaría en mayo del 2008, seis meses después del inicio de su reclusión. Sin embargo, como esto no sucedió, algunos miembros del grupo salieron durante el invierno. El resto lo hizo en mayo del 2008, después de la muerte y el entierro de dos miembros *en el interior* del búnker, tras el derrumbe parcial del techo de la cueva debido al derretimiento de la nieve durante la primavera y la escasez de alimentos.

Según el artículo, aunque parecían sorprendidos de que el mundo siguiera existiendo, también estaban convencidos de que simplemente habían calculado mal. Todavía creían que un gran apocalipsis y el fin del mundo conocido estaban a la vuelta de la esquina.

Por extremadas que puedan parecer este tipo de creencias y reacciones, realmente no son inusuales en esta época. El mismo artículo afirmaba: «Alrededor de Estados Unidos, Canadá y Europa, tanto sectas apocalípticas como individuos aislados sostienen que ese día [el 21 de diciembre del 2012] el mundo tal como lo conocemos terminará».[2]

Aunque es obvio que muchos tienen en mente el 2012, una mayor perspectiva histórica nos permite descubrir que estas creencias realmente son parte de una tradición que comenzó hace mucho tiempo. A pesar de que existen muchas ideas diferentes sobre lo que podemos esperar en esa fecha, también parece haber un consenso general sobre la razón del énfasis en este año. Todo tiene que ver con nuestra posición en el espacio y los ciclos de tiempo que traen consigo los cambios.

La historia apunta al presente

Como afirmé en el capítulo 2, entre los pueblos indígenas del planeta, existe un consenso generalizado de que nuestra época –que comprende los últimos años del siglo XX y los primeros del XXI– no es un período ordinario en la historia de la humanidad ni de la Tierra. Con sus profecías, tradiciones y sistemas de cómputo del tiempo, nos recuerdan que a lo largo de nuestra vida experimentaremos una repetición del ciclo que desencadenó el comienzo de la historia registrada.

Durante los siglos que siguieron a la última transición de eras mundiales, los acontecimientos que tuvieron lugar y la respuesta de la humanidad han sido incorporados a una gran cantidad de prácticas religiosas y espirituales. Por muy diversas que puedan parecer, el hilo conductor que las une nos ofrece un mensaje claro. Solo recientemente, y gracias a la ayuda de la ciencia del siglo XX, su mensaje ha comenzado a tener sentido.

¡Y qué mensaje! Utilizando diversos recursos que iban desde las visiones proféticas hasta las fechas exactas de los alineamientos astronómicos, nuestros antepasados desarrollaron todos los métodos imaginables para alertarnos de un solo hecho: que ahora se dan las condiciones y oportunidades más extraordinarias que acompañan al más increíble de los acontecimientos: la transición de una era mundial a la siguiente.

****

Las antiguas tradiciones aztecas de la región central de México comparten la creencia maya de que el universo existe en forma de grandes ondas de energía que se repiten como ciclos de tiempo. Un aspecto fundamental de sus conocimientos afirma que cada ciclo tiene una característica única basada en la onda que lo transporta. A medida que la onda se extiende a través de la creación, su movimiento sincroniza la naturaleza, la vida y el tiempo. Gracias al conocimiento de estas ondas, los antiguos cronometradores aztecas sabían que nuestro momento histórico traería consigo el comienzo de un nuevo ciclo que ellos llamaban simplemente un «sol».

La cosmología azteca describe la historia de la Tierra como una serie de ese tipo de soles. El primero, llamado Nahui Ocelotl, fue representado como un tiempo en el que, en nuestro planeta, vivieron criaturas gigantes. Por extraño que pueda parecer, esto realmente guarda semejanza con las narraciones bíblicas que describen una época pasada en la cual los humanos conocieron criaturas imponentes. Según los aztecas, este período terminó cuando el reino animal superó al reino humano.

El segundo sol, denominado Nahui Ehécatl, se distinguió como una época en la que los humanos aprendieron a cultivar y a cruzar plantas. Este ciclo finalizó con lo que se ha descrito como un gran viento que asoló la Tierra y lo arrasó todo a su paso.

Durante el tercer sol, el Nahui Quiahuitl, los seres humanos construyeron ciudades enormes y templos magníficos. Los aztecas describen un fenómeno que sucedió durante esta época: la tierra se abrió y el cielo se llenó de una «lluvia de fuego». De hecho, los vestigios geológicos muestran un tiempo pasado en el que varias zonas del planeta estuvieron cubiertas de fuego. Generalmente, se cree que la ceniza encontrada en las rocas es el resultado del impacto de un inmenso objeto espacial, posiblemente un asteroide, hace unos 65 millones de años. El cuarto sol terminó con un enfriamiento global que también ha sido confirmado por los vestigios geológicos.

Según las tradiciones aztecas, actualmente vivimos en los últimos días del quinto sol. La fecha para el próximo sol azteca está basada en los mismos ciclos que utilizaron los mayas en su calendario. Teniendo en cuenta estas relaciones, se cree que el quinto sol de los aztecas tiene lugar dentro de la misma zona de tiempo que el alineamiento maya del 2012. Al igual que otras tradiciones mesoamericanas, los aztecas y los mayas actuales creen que el caos desencadenado por los cambios propios del fin de ciclo es un proceso de purificación necesario que allana el camino para un mundo mejor.

Los profetas modernos de la nueva era mundial

Las visiones sobre la transición de las eras mundiales y lo que viene a continuación se extiende mucho más allá de las cosmogonías antiguas e indígenas, para adentrarse en la era de la historia escrita. Durante más de cuatrocientos años, estas visiones de futuro han estado dentro del ámbito de la *profecía,* una palabra que se ha aplicado a los grandes videntes, como Edgar Cayce o Nostradamus.

Nacido en 1503, Nostradamus se sentía fascinado por las profundas visiones de los oráculos antiguos y las estudió para elaborar sus propias técnicas proféticas. Con lo que aprendió, desarrolló el don de la clarividencia, que le permitió atisbar su futuro, e incluso ir más allá del nuestro, así como presagiar de manera increíblemente detallada y precisa acontecimientos que todavía no habían ocurrido. En *Verdaderas centurias astrológicas y profecías,* su libro más conocido, Nostradamus, en el siglo XVI, registró sus visiones para los diez siglos siguientes, e incluso más allá de nuestro tiempo, terminando en el año 3797 d.

de C., aunque algunos expertos creen que su visión pudo extenderse aun más allá.

Debido al estigma que rodeaba a la utilización de la profecía en su época, Nostradamus no pudo escribir sobre sus visiones de manera directa, y las registró en un formato codificado conocido como cuartillas, unos versos misteriosos de cuatro renglones cada uno. En la época de su muerte, ya había establecido sus visiones para cada siglo en cuartillas de cien versos. Aunque muchos de sus registros parecen sorprendentemente precisos, están abiertos a varias interpretaciones, pues no contienen fechas exactas, tal como sucede con otras profecías.

Sin embargo, entre las fechas que cita podemos encontrar las de las dos guerras mundiales, que no dan lugar a confusiones. Nostradamus también registró el nombre de Hitler y una descripción de la cruz gamada; el descubrimiento de la penicilina, la energía nuclear, el virus del sida, el fracaso del comunismo y el asesinato del presidente John F. Kennedy. Aunque las interpretaciones son subjetivas, por lo general, los expertos coinciden en que predijo un gran cambio a escala global en la transición del siglo XX al XXI. Al igual que en las tradiciones bíblicas y las de los indígenas americanos, los cambios que Nostradamus presenció en sus visiones iban acompañados de tremendos cataclismos.

El gran vidente solo señalaba fechas cuando creía que el acontecimiento era urgente o de suma importancia. En las escasas ocasiones en que lo hizo, las fechas se convirtieron en piedras angulares que nos han orientado en la historia respecto a los hechos que suceden antes y después. Por esa razón, me parece fascinante que una de las pocas fechas que aparecen tiene lugar a finales del siglo XX. En la cuartilla 72 del mencionado libro, Nostradamus escribe: «En el año 1999 y siete meses, un gran rey del terror vendrá del cielo. Traerá de vuelta al gran rey Genghis Khan [de los mongoles], antes y después de que Marte [guerras] reine felizmente».[3]

En la *Epístola a Enrique II,* verso 87, aclara aún más esta época de la historia al afirmar: «[...] esto irá precedido de un eclipse solar más oscuro y confuso [...] que cualquier otro desde la creación del mundo, exceptuando el que siguió a la muerte y pasión de Jesucristo».[4]

El 11 de agosto de 1999 tuvo lugar un eclipse solar, visible en gran parte de Europa. En el verso 88, Nostradamus continúa describiendo la naturaleza cataclísmica de su visión milenaria, identificando un mes específico de cambios en la Tierra:

> [...] y en el mes de octubre ocurrirá un gran movimiento del globo, y será de tal magnitud que algunos pensarán que la Tierra ha perdido su movimiento [gravitacional] natural [...] habrá augurios en la primavera, y posteriormente cambios extraordinarios en rápida sucesión, derrocamiento de reinos y fuertes terremotos [...].[5]

Aunque, de hecho, se han producido terremotos excepcionalmente fuertes (el ocurrido en el océano Índico en el 2004 alcanzó entre los 9.1 y los 9.3 en la escala de Richter), y países como Irak y Afganistán han cambiado su orientación y formas de gobierno, resulta difícil afirmar que esto fue precisamente lo que vio Nostradamus en sus visiones. Es importante señalar que, aunque los detalles del futuro vaticinado por Nostradamus pueden ser diferentes a los de otros profetas y profecías, el tema general de un gran cambio a finales de siglo es el mismo. Aunque nacieron con 374 años de diferencia, hay una coincidencia sorprendente entre Nostradamus y Edgar Cayce, el hombre conocido como el «Profeta durmiente» del siglo XX.

En una de sus profecías más conocidas, Cayce afirmó que el final del siglo XX y el comienzo del XXI anunciarían un tiempo de cambios sin precedentes en la Tierra. Así como muchas profecías antiguas describieron dos caminos que podían llevar a la humanidad a este período tan traumático, él predijo la posibilidad de un futuro en el que ocurrirían cambios graduales, así como una época de transiciones tumultuosas que obviamente tendrían una naturaleza catastrófica. Sin embargo, lo que hace que sus profecías resulten especialmente significativas es que predijo que *ambas posibilidades* se darían en el *mismo período de tiempo.*

Cayce ofreció alrededor de catorce mil lecturas, en las que abordó temas que iban desde el diagnóstico de enfermedades que afectarían a ciertos individuos hasta el futuro y el destino de la humanidad y el mundo. En la lectura número 826-8, fechada en agosto de 1936, le preguntaron qué vaticinaba para el cambio de milenio, que no tendría lugar hasta sesenta y cuatro años después. Su respuesta fue una afirmación concreta que hacía referencia a una transformación demostrable en la Tierra: «Habrá un cambio en el polo, o comenzará un nuevo ciclo».[6]

El rápido declive de los campos magnéticos terrestres –que precede a una alteración magnética en los polos– ha llevado a algunos científicos a afirmar que podríamos encontrarnos en las fases iniciales de este tipo de cambio. Sin embargo, todavía no se dan circunstancias extraordinarias, y teniendo en cuenta la información suministrada por la calculadora del código del tiempo (ver el capítulo 6), parece improbable que ocurra en los años inmediatamente anteriores o posteriores al 2012.

Aunque algunas de las predicciones realizadas por Cayce para el nuevo milenio parezcan catastróficas, otras lecturas posteriores indican un giro interesante, aunque sutil. La lectura número 1552-11, de 1939, describe el fin de siglo como una serie de cambios graduales, y no como las transformaciones súbitas que anteriormente había vaticinado. Una vez más, comparte sus visiones futuras con los detalles de una fecha real, y afirma: «En 1998, veremos una gran actividad creada por los cambios graduales que están surgiendo».[7] Y después continúa: «En cuanto a los cambios, la transición entre la Era de Piscis y la de Acuario es gradual, y no trae consigo un cataclismo».[8]

En el capítulo 7, exploraremos el concepto de los puntos críticos, un término físico que describe momentos en el tiempo en los que nuestras elecciones parecen tener un mayor impacto en el resultado de los acontecimientos. Aunque Hugh Everett III, físico de la Universidad de Princeton, acuñó este término en 1957, Cayce parece describirlo en su lectura 311-10, en la que sugiere que nuestra respuesta a los desafíos que nos ofrece la vida puede determinar, al menos parcialmente, cuántos de los cambios que predijo para la transición del milenio podemos experimentar realmente:

> Puede depender de algo que suceda en el ámbito de lo metafísico [...] Existen dichas condiciones en la actividad de los individuos, que con su dedicación y pensamiento pueden mantener muchas ciudades y territorios intactos mediante la aplicación de leyes espirituales.[9]

Las profecías de Nostradamus, Edgar Cayce, los aztecas, los hopis, los mayas y otros han hecho resonar un mensaje inconfundible a través del tiempo. Aunque distanciadas por siglos de historia y miles de kilómetros, todas apuntan al *presente.* Todas ven algo poderoso, posiblemente maravilloso y destructivo, que sucede a escala global durante el intervalo de tiempo que abarca los últimos años del siglo XX y los primeros del XXI.

Las escasas probabilidades de que historias tan similares surgieran «de la nada» en pueblos y lugares tan diferentes sugiere que se trata de algo más que de una simple coincidencia. ¿Qué sabían ellos que nosotros hemos olvidado? ¿Por qué los cronometradores mayas eligieron el año 2012 y no el 2000 como el fin de su calendario? ¿Qué diferencia podrían marcar esos doce años en el final de un ciclo de 5.125 años de duración?

Probablemente, la mejor forma de responder a esta pregunta sea mediante un conocimiento más profundo de los mayas. Para valorar lo que significa el calendario maya y el fin del tiempo, debemos mirar *más allá* del calendario. Sus símbolos y códigos son la herencia perdurable de una obsesión por los enormes ciclos de tiempo y nuestra relación con ese tiempo. El conocimiento avanzado del cosmos que tuvieron y su capacidad de preservarlo para futuras generaciones es lo que los arqueólogos modernos han llamado el «misterio maya».

El misterio maya

La civilización maya es una excepción en la visión tradicional de la historia humana. Los estudios arqueológicos realizados en México, Guatemala y diferentes zonas de Honduras y Belice muestran que la arquitectura avanzada, los observatorios astronómicos y los detallados calendarios que se nos vienen a la mente cuando pensamos en los mayas aparecen «súbitamente» en términos históricos.

En su exploración de este antiguo misterio, el arqueólogo Charles Gallenkamp, autor de *Los mayas: misterio y redescubrimiento de una civilización perdida,* sintetiza de manera gráfica la ironía de la presencia maya. «Nadie ha explicado satisfactoriamente dónde [o cuándo] surgió la civilización maya –escribe–, ni cómo evolucionó en un lugar tan poco apropiado para ser habitado por el hombre».[10]

La avanzada tecnología utilizada durante el período clásico maya los separa de las culturas mucho menos evolucionadas que existieron antes que ellos. Michael D. Coe, profesor emérito de antropología y conservador emérito del museo Peabody de Historia Natural de la Universidad de Yale, describe hermosamente esta tecnología en su libro *Los mayas:*

> Los mayas clásicos tenían un calendario muy elaborado, conocían la escritura, tenían templos-pirámides y palacios con mampostería de piedra caliza y cuartos abovedados, diseños arquitectónicos en los que los edificios situados alrededor de las plazas estaban adornados con estrellas alineadas, conocían la cerámica policromada, y tenían un estilo artístico muy sofisticado, plasmado en bajorrelieves y murales.[11]

Este nivel de sofisticación y la amplia influencia de su civilización es lo que hace que el colapso del período clásico maya resulte tan misterioso. Aunque existen muchas teorías, ninguna ha resuelto definitivamente lo que se conoce como el «misterio maya». Charles Gallenkamp reflexiona sobre lo poco que sabemos de nuestros antepasados, y observa que la causa que los condujo al «súbito abandono de sus grandes ciudades durante el siglo IX d. de C. –uno de los misterios arqueológicos más desconcertantes– todavía es un enigma».[12]

Aunque es probable que los expertos no se pongan de acuerdo sobre por qué una civilización tan poderosa pudo haber desaparecido, las maravillas que dejaron son indiscutibles: templos, observatorios y sofisticados cálculos del tiempo.

Para no perder de vista la verdadera dimensión del fenómeno maya, hay que tener en cuenta que su ciencia y su mensaje solo llegaron a tener sentido para el mundo moderno con la aparición de los ordenadores y las sondas por satélite en años recientes. ¿Cómo es posible que un pueblo que vivió hace mil años en las selvas de México tuviera tantos conocimientos? Para responder a esta pregunta debemos formularnos otra, que es simplemente... ¿por qué?

Figura 6. *Superior:* el observatorio astronómico de Palenque, México, uno de los más hermosos ejemplos de la avanzada arquitectura maya. Se cree que se construyó y utilizó entre los siglos VII y X a. de C., y que luego fue abandonado de manera rápida y misteriosa (Martin Gray, www. sacredsites.com).

Inferior: fragmento de la estela 1 de La Mojarra, descubierta en 1986 cerca de La Mojarra, en Veracruz, México, donde se ve una fecha del calendario de cuenta larga en la columna izquierda. De arriba abajo se lee 8.5.16.9.7, traducido al calendario gregoriano del año 156 d. de C. (Stela Copyright © 2000, 2001, 2002, utilizado con permiso bajo los términos de GNU Free Documentation License, Free Software Foundation, Inc.).

¿Por qué una civilización avanzada apareció súbitamente hace más de dos mil años, construyó grandes templos y observatorios dedicados al estudio de los enormes ciclos galácticos, para luego desaparecer? ¿Por qué su calendario, que identifica ciclos que coinciden con los cinco mil años de la historia registrada de la humanidad, termina abruptamente en una fecha tan precisa, que tiene lugar durante nuestra época?

Es imposible responder estas preguntas mirando simplemente el calendario maya. También es imposible desvelar el secreto del registro del tiempo que llevó esta civilización, teniendo solo en cuenta la historia tradicional; hacerlo sería pasar por alto el poder y la elegancia del mensaje que nos dejaron nuestros antepasados mayas. Únicamente hay una forma de responder estas preguntas, y es contemplando nuestra relación con el universo de un modo diferente a como lo hemos hecho desde hace trescientos años, cuando aparecieron las ciencias modernas.

Debemos cruzar los límites tradicionales que han mantenido separadas la ciencia, la religión, la espiritualidad y la historia –tanto pasadas como presentes– y unir estas diferentes fuentes de conocimiento para acceder a una nueva sabiduría. Si lo hacemos, sucederá algo extraordinario.

El tiempo maya

Cualquier debate en torno a los avances de los mayas reconoce lo que podría decirse que es su logro más sofisticado: su insuperable cómputo del tiempo. Incluso hoy, los mayas modernos llevan la cuenta de los grandes ciclos, así como del tiempo local, utilizando este sistema, del cual expertos como el arqueólogo y antropólogo Michael D. Coe han afirmado que «no ha fallado ni un solo día en más de veinticinco siglos».[13]

Estos cálculos están basados en su calendario, que representa mucho más que el simple recuento de días entre la luna llena y la luna nueva. Los mayas registraban los ciclos cósmicos del tiempo, así como los acontecimientos celestiales que tienen lugar durante ese tiempo. Con el más avanzado sistema de calendarios que conoció el mundo hasta los tiempos modernos, realizaron algo casi imposible en la actualidad. Aunque desconocían los ordenadores y el *software,* calcularon el movimiento de la Tierra y de todo el sistema solar en relación con el núcleo de nuestra galaxia, la Vía Láctea.

La clave para el «cronómetro galáctico» maya fue un cómputo de 260 días, llamado *Tzolkin,* o calendario sagrado. Intercalado con otro calendario de 365 días, llamado año impreciso (o vago), consideraban que estos dos ciclos de tiempo avanzaban como los engranajes de dos ruedas, en una progresión que continúa hasta el momento en que un día del calendario sagrado coincide con el mismo día del año impreciso. Este extraordinario y significativo día marcaba el final de un ciclo de 52 años y formaba parte de un período de tiempo aún más extenso, conocido por los mayas como el gran ciclo.

Actualmente, no hay ningún artefacto conocido que represente el calendario maya en su totalidad. Aunque los expertos modernos son capaces de interpretar su sistema del registro del tiempo a partir de sus inscripciones, existe otro artefacto antiguo, perteneciente a otra cultura mexicana, que ha preservado la visión del tiempo maya en un solo calendario y todavía sigue en uso. Se trata de la Piedra del Sol, el antiguo calendario en forma de disco que aparece en la figura 7. Este artefacto monolítico fue descubierto durante las excavaciones realizadas en la plaza principal de Ciudad de México en 1790.

El enorme disco de basalto tiene tres metros y medio de diámetro, más de un metro de espesor y pesa casi 24.000 kilogramos.[14] Aunque las distintas interpretaciones del disco difieren en los detalles, los nuevos conocimientos sobre los símbolos aztecas permiten llegar a un consenso sobre lo que representa. Lo que sigue a continuación es una elaborada descripción de los principales glifos de la Piedra del Sol. La incluyo para mostrar que los arquitectos del disco tenían un gran conocimiento de los ciclos cósmicos y de su relación con los días del mes.[15]

Al mirar el calendario azteca que aparece en la figura 7, la imagen más impactante es el rostro del centro del disco. Los aztecas aceptaron la doctrina de las eras mundiales y, al igual que los mayas, creían que nosotros estamos viviendo en el quinto y último mundo de un ciclo que incluye los cuatro anteriores. La imagen del centro es Tonatiuh, que significa «movimiento del sol» o «sol de movimiento», el dios del

Figura 7. No hay un solo artefacto que represente todo el sistema del calendario maya. Se cree que el antiguo calendario azteca que aparece a la izquierda deriva de los cálculos de tiempo realizados por los mayas. Los temas de la actual era mundial y de las cuatro anteriores pueden verse claramente en la imagen ampliada del calendario que aparece a la derecha.

quinto mundo. Algunos expertos interpretan el movimiento de Tonatiuh en el ciclo como una posible clave para entender el misterio de lo que sucede al final de la era.

Alrededor de Tonatiuh, cuatro secciones cuadradas nos indican dónde hemos estado en este ciclo: en los cuatro soles de las eras pasadas. El glifo de cada uno representa la deidad asociada con cada era. Si lo miramos en el sentido de las manecillas del reloj, a partir de la zona superior izquierda, veremos los símbolos del viento, el jaguar, el agua y el fuego. Sin embargo, no se sabe aún si estos glifos representan el tema predominante de la era o la causa de su fin.

Si miramos el círculo siguiente, vemos veinte secciones cuadradas que describen los veinte días del mes azteca. Las ocho flechas (ángulos) que apuntan hacia fuera son los ocho puntos cardinales de los rayos solares (norte, nordeste, este, sureste, etc.).

En la parte inferior del disco (que no aparece en la ilustración), se hallan los símbolos de dos serpientes. Cada una está dividida en varias secciones, que se cree que simbolizan las llamas del fuego y las extremidades del jaguar. Aunque los expertos no han llegado a un consenso sobre el significado exacto de estos símbolos, se cree generalmente que representan los ciclos de 52 años del siglo azteca.

Las imágenes del disco azteca están intactas, son legibles y todavía son utilizadas por los pueblos indígenas de Centroamérica. En las réplicas que hay en Yucatán y en el resto de México, este antiguo mapa del tiempo constituye una base para todo, desde la sincronización diaria de los relojes hasta las siembras y cosechas anuales. Para quienes conocen el lenguaje del disco, es un hermoso mapa de nuestra relación con el tiempo, que lo abarca todo, desde los miles de años pasados hasta el momento actual.

La lectura del mapa maya del tiempo

El calendario azteca es simplemente un artefacto que representa un conocimiento parcial del sistema maya para llevar la cuenta del tiempo. Aunque muchas de sus sutilezas han desaparecido, la Piedra del Sol sigue transmitiendo el importante mensaje del gran ciclo.

La fecha que tanto el calendario maya como el azteca citan como el fin del ciclo actual es la misma: el 21 de diciembre del 2012, día en que el solsticio de invierno señala el fin de la actual era mundial, momento en que el calendario se reinicia por sí solo: al igual que los cuentakilómetros de algunos coches llegan a cero después de llegar a los 100.000 kilómetros, el calendario maya se «reinicia» en una nueva fecha desde cero, y el ciclo comienza de nuevo. Los cronometradores mayas codificaron la fecha del fin del ciclo y el sistema que lleva la cuenta de este en las inmensas placas y templos que se construyeron en lo que actualmente es México y Guatemala.

Aunque los sacerdotes mayas registraron hace más de dos mil años las fechas principales de estos ciclos en sus monumentos, no fue hasta comienzos del siglo XX cuando su mensaje tuvo sentido en el marco de nuestro familiar calendario gregoriano. Durante esta época el cálculo original del experto maya Joseph T. Goodman (1905) fue confirmado por el experto de Yucatán Juan Martínez Hernández (1926) y el arqueólogo inglés L. Eric S. Thompson (1935), convirtiéndose así en la fecha universalmente aceptada del comienzo del gran ciclo maya.

En reconocimiento a la contribución realizada por cada uno de estos hombres, el resultado de estos esfuerzos lleva la inicial del apellido de estos investigadores, por lo que se denomina *correlación GMT.* Basándose en este conocimiento y en la tradición de los sacerdotes mayas, los calendarios indican que el último gran ciclo comenzó en la fecha maya de 0.0.0.0.0., que equivale al 11 de agosto del año 3114 a. de C.[16]

Si tomamos una fecha tan antigua y podemos pensar en otro acontecimiento que haya sucedido al mismo tiempo, eso nos ayudará a entender su significado. Por consiguiente, como punto de referencia para el comienzo del gran ciclo actual, la fecha de inicio identificada por el antiguo calendario tiene lugar casi al mismo tiempo que los primeros jeroglíficos del antiguo Egipto. Desde ese momento hasta ahora, la totalidad del ciclo abarca todo el período de tiempo que generalmente consideramos como la historia registrada de la humanidad.

¿Qué significa?

Es obvio que los cronometradores mayas registraban algo más que el simple recuento de los minutos del día en sus calendarios. Utilizaron sus sofisticados instrumentos para medir el tiempo y realizar la cuenta atrás de los años que culminarían con un extraordinario acontecimiento celestial. Con su gran erudición, John Major Jenkins reconoció este acontecimiento durante la década de los ochenta, y, gracias a ello, actualmente sabemos por qué el fin de nuestro ciclo particular era tan importante para los mayas. Al final de cada ciclo, nuestro sistema solar, nuestro sol y nuestro planeta se mueven para alinearse con el núcleo de la Vía Láctea, o más exactamente con el ecuador de la galaxia, un alineamiento que solo se produce cada 26.000 años.[17] Aunque marca el final de este gran ciclo en particular, las tradiciones mayas afirman que el fin es el *comienzo* que hemos estado esperando.

Según la perspectiva maya de la cosmología y de los mitos, la conciencia humana avanza a través de etapas de crecimiento que abarcan grandes períodos de tiempo conformado por ciclos. Con cada nuevo ciclo, tenemos la oportunidad de ir más allá del pensamiento que nos ha limitado o destruido en el pasado. Este crecimiento se logra mediante ciclos dentro de otros ciclos que crean el período de gestación mencionado en el capítulo anterior.

Jenkins describe con elocuencia la idea de los ciclos de la vida humana dentro de los ciclos cósmicos y espirituales: «El calendario tzolkin de 260 días está basado en el período de embriogénesis humana de 260 días, y, a un nivel mayor, simboliza o estructura el período de precesión de 26.000 años, al cual podríamos llamar la embriogénesis espiritual humana».[18]

Código del tiempo 10: la actual era mundial comenzó el 11 de agosto del año 3114 a. de C. Su fin está marcado por el excepcional alineamiento de nuestro sistema solar con el núcleo de la Vía Láctea que ocurrirá el 21 de diciembre del 2012, acontecimiento que tuvo lugar por última vez hace aproximadamente 26.000 años.

Los científicos modernos reconocen que este alineamiento galáctico está teniendo lugar y que el calendario maya lo señala. «Es indudable que uno de los grandes ciclos del antiguo calendario maya tradicional termina su cómputo en ese día del 2012», sostiene el doctor E. C. Krupp, director del Observatorio Griffith, en Los Ángeles.[19] La pregunta más frecuente simplemente es: ¿qué significa esto? Por un lado, hay quienes sostienen que el fenómeno es poco más que una interesante rareza que tenemos la suerte de ver en nuestras vidas. Otros sugieren que el fin del gran ciclo marca la convergencia de procesos cósmicos extraordinarios, con implicaciones tanto positivas como negativas.

El doctor José Argüelles, autor de *El factor maya,* que despertó de nuevo el interés por la cultura maya en los años ochenta, sugiere por ejemplo que los primeros años del nuevo milenio son parte de un subciclo que comenzó en 1992 y que señala la aparición de lo que él denomina «tecnologías no materialistas, ecológicamente armoniosas [...] que complementan la nueva sociedad de información descentralizada y mediática [...]».[20]

Sin embargo, otros científicos e investigadores que han utilizado la misma información tienen una idea muy diferente de lo que muestra el calendario maya. Advierten que el final del gran ciclo maya coincide con eventos celestiales que pueden tener consecuencias profundas e incluso peligrosas para la vida en la Tierra tal como la conocemos. Por ejemplo, *India Daily,* una revista digital de la India, publicó un artículo en su edición del 10 de marzo del 2005 que describía los resultados arrojados por el programa de modelo informático de Hyderabad sobre una inversión polar que coincide con la fecha final del calendario. El inquietante titular dice: «Programa informático predice que la inversión del polo magnético terrestre y solar puede terminar con la civilización humana en el 2012», y el editorial describe lo que podría suceder en un mundo sin un campo magnético.[21]

Obviamente, son dos ideas muy diferentes sobre las posibles consecuencias del fin del gran ciclo, razón por la cual las incluyo aquí. Aunque en los próximos capítulos exploraremos posibilidades que van desde la paz hasta la inversión polar, lo cierto es que los cronometradores mayas trataron de informarnos sobre una fecha que, como es lógico, ninguno de ellos alcanzaría a presenciar.

Aunque hay muchas teorías sobre lo que podemos esperar cuando se acerque la fecha final del calendario maya, la mayoría de las personas creen que sucederá *algo*. Como ya estamos en el 2012 y este año coincide con cambios sin precedentes que ya están teniendo lugar en nuestro sistema solar, un creciente número de científicos sugiere que lo más conveniente es tratar de comprender lo que intentaron decirnos los cronometradores mayas.

El mejor punto para comenzar es el calendario maya. Ricardo Durán, profesor retirado de la Universidad Estatal de California y conferenciante, lo expresa claramente. En una entrevista sobre el significado de la fecha final del 2012, explica: «[El último día del ciclo] se denomina día de cuatro movimientos. Ese es el nombre de la fecha, y significa un cambio muy profundo a causa de algún movimiento».[22]

Dos ciclos, la misma fecha final

Además de que el solsticio de invierno del 2012 marca el fin del gran ciclo maya, el 21 de diciembre también señala la conclusión de un ciclo aún mayor: el año *precesional,* que comenzó hace aproximadamente 26.000 años, cuando iniciamos el viaje que nos lleva por el camino celestial de los doce signos del Zodíaco. Cuando crucemos el umbral ecuatorial de la Vía Láctea en el 2012, no solo empezaremos una nueva era mundial de 5.125 años de duración, sino que también concluiremos el año precesional de las doce constelaciones zodiacales y nos adentraremos en el siguiente.

La particularidad de que estos dos ciclos terminen simultáneamente y el hecho de que vivamos en una época en la que ambos convergen, nos dice, más allá de cualquier duda razonable, que se trata de un período verdaderamente extraordinario. Esto también otorga mayor credibilidad a las creencias de los antiguos cronometradores, quienes tuvieron conocimiento de esta convergencia de ciclos durante miles de años hasta que la ciencia moderna estuvo en condiciones de aceptar su significado.

Aunque algunos detalles de los ciclos mayas difieren de aquellos que provienen de las cosmologías más antiguas del mundo, las semejanzas son sorprendentes en términos generales. La figura 8 resume los paralelos con el sistema védico de los yugas.

Ambas tradiciones afirman que, actualmente, nos encontramos en el último ciclo de una gran era mundial. Se cree que ambos ciclos comenzaron hace aproximadamente cinco mil años, y que hay una diferencia de solo doce años en sus fechas de inicio. Si tenemos en cuenta la gran concordancia entre estas dos civilizaciones tan diferentes, que existieron en lugares tan distantes entre sí del planeta, y la precisión de otras líneas de tiempo cósmico (como, por ejemplo, la concordancia entre las versiones científica e hinduista sobre la edad de la Tierra), debemos preguntarnos: ¿qué nos dicen estos ciclos de tiempo?

COMPARACIÓN DE LA ERA MUNDIAL MAYA Y LA VÉDICA		
	Maya	**Védica**
Nombre del ciclo	Gran ciclo	Kali Yuga
Comienzo	3114 a. de C.	3102 a. de C.
Tiempo hasta que ocurra el cambio	5125 años	5000 años

Figura 8. Los cómputos de las eras mundiales registradas en los escritos védicos y mayas son sorprendentemente similares. Ambos describen el comienzo de nuestra era actual, hace aproximadamente cinco mil años, como una parte de un ciclo más grande. Ambos señalan también un cambio trascendental unos cinco mil años después de iniciado el ciclo, que coincide con el extraño alineamiento astronómico que solo sucederá de nuevo dentro de unos 26.000 años.

Para responder a esta pregunta, debemos analizar con mayor detenimiento una experiencia tan común que casi nunca reparamos en ella. Al mismo tiempo, es tan intrigante para los científicos que los físicos modernos tienen incluso una forma especial de referirse a ella cuando piensan en los misterios del universo. Como veremos en el próximo capítulo, se denomina el «problema del tiempo». La respuesta al significado que tiene el año 2012 en nuestras vidas se reduce a nuestra comprensión de la misteriosa esencia del propio tiempo.

Capítulo 4

La clave del universo: el tiempo y los números más hermosos de la naturaleza

Las matemáticas son el lenguaje con que Dios ha escrito el universo.
GALILEO GALILEI (1564-1642), astrónomo

Dios utilizó unas matemáticas hermosas en la creación del mundo.
PAUL DIRAC (1902-1984), físico y premio Nobel en 1933

Cualquier disertación sobre el tiempo y la fecha final del calendario maya estaría incompleta si no mencionamos a Terence McKenna, etnobotánico y autor visionario. Antes de su muerte en abril del 2000, McKenna exploraba el tiempo de un modo que se asemejaba más a la sabiduría de un antiguo chamán que a un investigador del siglo XX. Tal vez así halló la inspiración de la que provienen sus significativas ideas. Sus libros *Alucinaciones reales* y *El paisaje invisible,* escritos en colaboración con su hermano Dermis, describen cómo sus experiencias con pueblos indígenas en las selvas de Colombia lo motivaron para pensar en el tiempo y en cómo cambian las cosas en él, semejantes a ondas que tienen una estructura y que nos conducen a algún lugar.[1]

Time Wave Zero

En 1998, McKenna me envió una copia de Time Wave Zero, un programa informático desarrollado por él para abrir una ventana al conocimiento del pasado y de nuestra época actual. Desafortunadamente, nunca tuve la oportunidad de utilizarlo debido a un problema de compatibilidad con mi ordenador. Pero la carta escrita por McKenna, que acompañaba al programa informático, su pensamiento innovador y la forma en que unía la ciencia con las tradiciones indígenas terminaron por intrigarme. Tal como había observado en mis viajes a Egipto y Perú, coincidía conmigo en la visión de la vieja idea del tiempo como una esencia en movimiento que viaja en ciclos a través del universo. La opinión que él tenía de esos ciclos me llevó a leer más.

Utilizando como clave la secuencia King Wen del *I Ching* (el antiguo «Libro de las mutaciones» chino), McKenna creía haber encontrado una forma de señalar lo novedoso y la creciente complejidad del cambio a través del curso del tiempo. Definió estas condiciones singulares como «novedad». Según él, cuando la novedad viene señalada en un mapa, se obtiene una forma de onda especial conocida como *onda de tiempo cero,* o simplemente *onda de tiempo.*[2]

Menciono el Time Wave Zero por sus resultados. En él, hay un único año identificado como el punto en que podemos esperar lo que llamó *máxima complejidad* y novedad en nuestro mundo. Tal vez no nos sorprenda que ese año sea también el que tan profundamente arraigado está en nuestra psique colectiva: 2012, cuando termina el gran ciclo maya.

Con sus propias palabras, McKenna describió el significado de su programa y lo que él creía que revelaba:

> Estamos a un paso de descubrir posibilidades que nos harán literalmente irreconocibles a nosotros mismos y esas posibilidades se comprenderán, no en los próximos mil años, sino en los próximos veinte, debido a que, actualmente, la aceleración de inventos, novedades y transferencia de información es muy veloz".[3]

En otras palabras, el programa de McKenna señaló al 2012 como el momento en que todas las combinaciones de todo lo que podemos concebir con nuestra mente son posibles.

Sin lugar a dudas, la teoría de la novedad de McKenna ha abierto la puerta a nuevas posibilidades en nuestra comprensión del tiempo. Las matemáticas que respaldan su obra son complejas. Para algunos, también son controvertidas. Antes de su muerte, trabajó con el matemático Matthew Watkins con el objetivo de identificar las fortalezas y debilidades de su programa.[4] Utilizando los descubrimientos de Watkins, el físico nuclear John Sheliak revisó el programa informático de McKenna para corregir los errores que había detectado.[5]

A medida que nos acercamos al año 2012, las ideas de McKenna y su programa Time Wave Zero nos siguen ofreciendo un marco de referencia para entender el significado de esa fecha. Sin embargo, aun después de ella, no dudo de que su obra seguirá allanando el camino para facilitar nuevas comprensiones de los ciclos de la naturaleza.

Aunque las ideas de McKenna nos ofrecen valiosos datos sobre la complejidad de la vida, precisé algo más que la información que ofrece su programa para responder a mis preguntas sobre el 2012. Si los eventos del pasado eran realmente las semillas de las condiciones futuras, necesitaba entender los patrones, descubrir los ritmos que se repiten de un ciclo a otro, antes que la novedad de los acontecimientos y el momento en que convergen.

El universo simple

Edward Teller, conocido como el «padre» de la bomba de hidrógeno, en cierta ocasión afirmó que «el objetivo principal de la ciencia es la simplicidad». Y para aclarar lo que quería decir, concluyó: «A medida que entendemos más cosas, todo se hace más simple».[6] Gracias a mi experiencia como científico y estudiante de las culturas antiguas, he descubierto que este principio parece ser universal. Cuanto mejor entendemos la vida de la naturaleza, más simple parece ser todo. Y esto incluye los secretos del universo.

Podemos describir los fenómenos naturales con las palabras técnicas que ofrecen a los científicos un vocabulario para explorar nuestro mundo. Sin embargo, me parece que eso no es necesario. Cuando llegamos a la esencia de aquello que hace que el mundo funcione, esa comprensión se basa en ideas realmente simples. Aunque las leyes de la naturaleza y del tiempo ciertamente existen a gran escala en el universo, también es cierto que se basan en conceptos muy simples, que se desarrollan de forma sencilla en nuestras vidas y que pueden compartirse mediante palabras y ejemplos que los hacen significativos. De modo que parece que la naturaleza y el tiempo son tan complejos como queramos que lo sean.

La clave para encontrar sentido a las grandes verdades del universo es comprender aquello que hace que funcionen a pequeña escala; entonces, podremos aplicar lo que hemos aprendido a un nivel más amplio. Fue exactamente así como una de las mentes más brillantes del siglo XX llegó a una de las conclusiones más profundas sobre la realidad. Tomó un principio que estaba desarrollando a pequeña escala en su escritorio, y se preguntó si podía aplicarlo a todo el universo. Las implicaciones de lo que descubrió son actualmente la base de una nueva rama de la ciencia que se está consolidando en este comienzo del siglo XXI.

Los programas de la naturaleza

En los años cuarenta, Konrad Zuse, el hombre que desarrolló los primeros ordenadores modernos, tuvo un destello de comprensión acerca de cómo podía funcionar el universo. Mientras creaba programas simples para esos primeros ordenadores, se formuló una pregunta que parece más el argumento de una novela que algo que pueda considerarse una posibilidad científica seria.

Lo que Zuse se preguntó fue simplemente: «¿Es posible que todo *el universo funcione como los ordenadores que estoy haciendo?*». Indudablemente, se trataba de una pregunta colosal, con implicaciones que van desde las teorías sobre la vida y la evolución hasta las bases de la religión. Contiene las mismas implicaciones que la exitosa película *Matrix.*

Es obvio que Zuse era un hombre adelantado a su época. En años recientes, los nuevos descubrimientos han llevado a muchos científicos a retomar sus originales ideas. En el 2006, Seth Lloyd, diseñador del primer ordenador cuántico viable, fue aún más lejos con la idea propuesta por Zuse de que el universo es semejante a los ordenadores. Gracias a la nueva tecnología y los nuevos descubrimientos, retomó la pregunta «¿y si...?», y la cambió por la afirmación «así es». Basándose en su investigación en el nuevo campo de la física digital, Lloyd describe las implicaciones de una visión emergente de la realidad: «La historia del universo es, en efecto, un cómputo cuántico continuo y descomunal».[7]

Y, en caso de que todavía nos quede alguna duda sobre lo que quería decir con esto, a continuación aclara sus ideas. En lugar de sugerir que el universo puede ser *como* un ordenador cuántico, nos enfrenta a la descripción de la realidad más radical que ha surgido en los últimos dos mil años al afirmar: «El universo *es* un ordenador cuántico».[8] Según su teoría, todo lo que existe es el resultado del ordenador del universo. «A medida que se produce el cómputo, la realidad se despliega», explica.[9]

La razón para comparar el universo con un ordenador es importante porque, a pesar de su tamaño o complejidad, todos los ordenadores siguen el mismo principio básico: utilizan programas para hacer algo. Teniendo en cuenta esto, las semejanzas entre la naturaleza y los ordenadores se hacen obvias, pues en los dos casos hay códigos que hacen que sucedan cosas. Si podemos entender los códigos, podemos entender cómo funciona todo y cómo hacer cambios cuando sea necesario.

Aunque a algunas personas les puede parecer un poco inquietante la idea de que la magia de la vida provenga de un «programa», a excepción del lenguaje, no es muy diferente de lo que la ciencia ya ha descubierto. Por definición, un *programa* es un código que «desencadena una serie de acontecimientos». Sabemos que de los átomos a las células, y de las órbitas a las estaciones, el universo avanza siguiendo patrones. También sabemos que estos patrones se repiten en forma ciclos. Estos son los programas de la naturaleza.

Los programas de la naturaleza existen porque algo o alguien los ha puesto allí. Aunque las descripciones de ese algo o alguien van desde «partículas en colisión que liberan energía» hasta «Dios», el principio es el mismo: existe un gran motor cósmico que hace mover las cosas, de modo que no sería exagerado decir que el universo, y todo lo que hay en él, es lo que es, y está donde está, porque un código –un programa de la naturaleza– lo ha puesto allí.

La clave para entender este programa cósmico radica en reconocer lo que hace: los patrones que genera. Y, al trabajar con estos patrones, debemos entender las cifras que los hacen posibles. Como la naturaleza opera conforme a principios simples, no debería sorprendernos descubrir que los números que describen los ciclos de la naturaleza son igualmente simples.

El Premio Nobel de física Paul Dirac captó la esencia de esta simplicidad: «Dios utilizó unas matemáticas hermosas en la creación del mundo».[10] La belleza se encuentra en la simplicidad elegante. En un sentido muy real, cuando entendemos los números que hacen posibles los ciclos naturales, también aprendemos el lenguaje de Dios, y si aprendemos a aplicar esos números para acercar el pasado al futuro, estaremos hablando la lengua divina del gran programador del universo.

Aunque hay textos llenos de matemáticas complejas que describen los códigos de la naturaleza, nuestros antepasados nos dejaron las mismas ideas en forma de dos claves sencillas que explicaré en la siguiente sección. Gracias al poderoso número que parece dirigir tantos patrones de la naturaleza, y a su repetición precisa, los científicos-chamanes de nuestro pasado crearon un maravilloso puente entre el mundo de la belleza sensual y el de los ciclos del tiempo. Gracias a este puente, el secreto del tiempo se hace obvio: se trata de reconocer la forma en que los ciclos de los patrones se manifiestan en nuestras vidas.

Patrones: las claves de la naturaleza para entender el universo

El primer invierno que pasé en las montañas desérticas del norte de Nuevo México fue uno de los más fríos de la historia. Incluso los ancianos de los pueblos nativos que vivían cerca aseguraron que no recordaban inviernos tan fríos, largos y secos como los de comienzos de los años noventa. Aunque mi mente científica sabía que el aire frío es más pesado que el caliente y tiende a asentarse en los valles durante las noches, no sabía lo gélidas que estas podían llegar a ser. La primera noche de diciembre que salí de mi casa para observar las estrellas y miré el termómetro que tenía junto a la leña, lo supe.

Aprendí rápidamente que los altos valles desérticos pueden crear condiciones peligrosas en las que podemos congelarnos en pocos minutos si no estamos abrigados. Después de sacudir el termómetro un par de veces para asegurarme de que el mercurio no se había quedado atascado, fui a buscar un abrigo más grueso. ¡La temperatura era de 50 grados *bajo cero!*

Cuando el sol salió a la mañana del día siguiente, y la temperatura subió hasta alcanzar los 40 grados, me dirigí a la ciudad. En todas partes, la conversación era la misma: solo hablaban del frío histórico de la noche anterior y de cómo había afectado al ganado, a las tuberías y a los cultivos. En la ferretería local, un hombre que tenía que comenzar a trabajar antes del amanecer descubrió que el caucho de las ruedas de su coche se había resquebrajado a causa del frío. Las temperaturas descendieron de nuevo esa noche y, una vez más, los termómetros marcaron casi 50 grados bajo cero.

Al día siguiente, mientras caminaba por los campos que rodeaban mi casa, observé que los hormigueros que había en los alrededores parecían más grandes de lo normal: medían más de medio metro de altura y podían verse desde todas partes. Algunos incluso eran más altos que las plantas y los matorrales silvestres del valle. Sabía que las hormigas tenían que haberse adentrado bastante en la tierra para que los hormigueros fueran tan altos. También sabía que cuanto más profundos fueran los túneles de las colonias de hormigas, más altas serían las temperaturas del terreno circundante. Lo que *no* sabía era que existía una relación entre estos hechos y aquellas temperaturas extremas. En otras palabras, ¿conocían de algún modo aquellas hormigas que se aproximaba un invierno extremadamente frío y construyeron sus hormigueros teniéndolo en cuenta?

Sin embargo, los patrones climáticos cambiaron en el invierno siguiente. Aunque las temperaturas de diciembre seguían siendo frías y por debajo de cero, no llegaron a alcanzar las del año anterior. A lo largo del otoño, había observado los hormigueros, y había advertido que no parecían tan grandes. Entonces, pensé: «Tal vez las hormigas nos estén diciendo que este invierno no será tan frío».

Pronto descubrí que lo que había visto en los alrededores de mi propiedad era parte de una sabiduría muy popular entre los pueblos nativos y los antiguos residentes de los altos desiertos: un patrón. Y ese patrón forma parte de un ciclo, tan predecible y fiable como las predicciones de alta tecnología realizadas por ordenadores, pero que nos llega incluso antes que estas últimas.

El patrón es claro: cuanto más altos sean los montículos de los hormigueros, a mayor profundidad cavan los túneles las hormigas y más frío será el invierno. Por tanto, si las hormigas llegan a mucha profundidad cuando los árboles comienzan a transformarse en el otoño, más me vale empezar a programar mis seminarios en otra parte del mundo donde las temperaturas estén por lo menos un poco por encima de los cero grados durante la noche... o almacenar más leña. El asunto es que los hormigueros y el clima son patrones cíclicos que pueden reconocerse y que, en conjunto, forman parte de patrones estacionales mayores. Estos patrones son consistentes y se manifiestan con la precisión de un reloj.

Cuanto más aprendemos sobre nuestra relación con la naturaleza y el tiempo, más evidente se hace que los patrones y los ciclos del tiempo son algo más que un fenómeno interesante de la vida. *Los ciclos del tiempo son vida.* De hecho, se puede decir que, en todo, desde la biología del ADN y las leyes de la física hasta la historia de nuestro planeta y la evolución del universo, nuestro mundo material sigue unas reglas muy precisas que permiten que las cosas «sean» como son.

Aunque pueda parecer que la única vez que escapamos al efecto de los ciclos es al final de la vida, incluso la muerte parece ser parte de un ciclo más grande. Casi de forma universal, nuestras tradiciones espirituales más preciadas nos recuerdan que la muerte es simplemente el final de un ciclo y parte de otro más grande que refleja la creación/destrucción/nacimiento/muerte del universo.

Teniendo esto en cuenta, la naturaleza nos ofrece dos claves importantes que hacen posible predecir patrones repetitivos en los ciclos del tiempo. Independientemente de la escala, tanto si los ciclos duran un nanosegundo como decenas de miles de años, estas claves actúan del mismo modo.

La primera clave es el principio de los *fractales*, es decir, los patrones que la naturaleza utiliza para llenar el espacio del universo.

La segunda clave es el *número áureo*. Este número determina la frecuencia con que la naturaleza repite los fractales que llenan el espacio.

Cada clave es, en sí misma, una herramienta eficaz que nos permite entender todo cuanto existe, desde los secretos de los átomos y el funcionamiento interno del sistema solar hasta los ciclos de éxito personal y la traición. Ambas, combinadas, nos ofrecen una perspectiva sin precedentes sobre el lenguaje del tiempo.

Tal como veremos en los capítulos siguientes, si aplicamos estas dos simples claves al tiempo pasado, presente y futuro, abriremos la puerta a poderosas perspectivas que nos permitirán saber dónde, cuándo y cómo podemos esperar las mayores amenazas a nuestro empleo, forma de vida, civilización e, incluso, futuro. Si sabemos cuándo esperar las condiciones, también sabremos cómo transformar las circunstancias.

Pero, antes de poder hacer esto, debemos entender dos claves: la naturaleza de los patrones fractales y el antiguo secreto del número áureo.

Fractales: el código dentro del código, dentro del código...

A finales de los años noventa, tuve la oportunidad de utilizar todas las habilidades de organización y planificación que había desarrollado en el ámbito de la empresa en beneficio de mi propia familia. Mi madre había decidido mudarse de casa y de ciudad. Descubrí rápidamente, tal como lo habrá hecho cualquier persona que haya emprendido una misión semejante, que la mudanza en sí era la parte más fácil: son los preparativos los que casi constituyen el proyecto de toda una vida.

Mi madre había decidido que esta mudanza era muy especial y que la iba a asumir de un modo diferente a como lo había hecho en el pasado. Con el fin de celebrar su buena salud, un nuevo comienzo y un nuevo entorno, decidió que todo el proceso fuera sinónimo de «reducción». Esto suponía examinar todo lo que había acumulado en su vida, y aquello que ya no necesitaba encontraría un nuevo hogar. Así que antes de empezar a embalar, teníamos que decidir qué objetos se llevaría.

A medida que examinamos las cajas y bolsas que contenían la historia acumulada de toda nuestra familia, recordamos muchos momentos del pasado lejano. Cada pocos minutos, escuchaba la emocionada voz de mi madre, proveniente de algún lugar lleno de cajas, que me pedía que mirara los tesoros que había descubierto. «Ah, mira esto», me decía, levantando algún regalo que mi hermano o yo le habíamos hecho hacía más de treinta años.

Estaba la tarjeta del día de San Valentín que aún conservaba las dos barras de chocolate (ahora casi fosilizadas) en su interior –mi hermano había hecho esa tarjeta y se la había dado cuando estaba en segundo de primaria–. Estaban también las fotografías en blanco y negro con marcos metálicos donde aparecían nuestros antepasados de mirada severa a finales del siglo XIX –todo parecía indicar que salir en una foto era un asunto serio en aquella época. ¡Ninguno sonreía!–. También estaban mis trabajos artísticos, que mostraban la evolución de mi pintura: desde los dibujos simples de la naturaleza que había hecho cuando estaba en la guardería hasta las acuarelas orientales con practicantes de artes marciales que había creado en secundaria.

Al extender el papel arrugado, me sorprendió ver mis dibujos pintados con ceras oscurecidos por el tiempo. Cuando era niño, me había esforzado mucho en reproducir la belleza de los árboles del norte de Missouri y el cambio de las estaciones. Sin embargo, aquellos dibujos que veía en el papel no guardaban la menor semejanza con los árboles que crecían en las orillas del río Missouri. Más bien, parecían triángulos pintados sobre postes delgados. Las nubes protuberantes que adornaban el cielo eran círculos vacíos suspendidos sobre el horizonte, y las piedras que había en el suelo parecían una sucesión de cuadrados pequeños.

Lo que había registrado en el papel era una interpretación primitiva de lo que realmente había visto con mis ojos. Lo importante era que expresé lo que había percibido utilizando aquellas herramientas con las que me habían enseñado a representar nuestro mundo: la geometría de las formas. La geometría que suelen enseñarnos se basa en formas que no encontramos en la naturaleza, y, en ese sentido, mis dibujos eran simples aproximaciones. Había expresado lo que había visto en mi infancia por medio de las formas que tuvieran el mayor parecido con la naturaleza. Sin embargo, ahora sabemos que ese tipo de geometría –la euclidiana– realmente no puede hacer eso, pues la naturaleza no está conformada por círculos, triángulos y cuadrados. Es evidente que necesitamos un tipo de geometría diferente para describir el mundo que experimentamos a través de nuestros sentidos.

Y ahora ya tenemos una. Unas nuevas matemáticas han irrumpido en la escena, cambiando para siempre nuestra forma de contemplar todo lo que nos rodea, desde la naturaleza y nuestros cuerpos hasta las guerras y los mercados bursátiles. Se trata de las *matemáticas fractales*.

En los años setenta, Benoit Mandelbrot, profesor de matemáticas de la Universidad de Yale, desarrolló un método para observar la estructura interna que hace que el mundo sea como es. Esta estructura está conformada por patrones; concretamente, por patrones dentro de patrones, dentro de patrones... Y así sucesivamente. Mandelbrot llamó *geometría fractal* a esta nueva forma de ver las cosas. Su libro *La geometría fractal de la naturaleza* es reconocido en la actualidad como uno de los más influyentes del siglo XX.[11]

Previamente, los matemáticos empleaban la geometría euclidiana que yo utilizaba cuando era niño para describir el mundo. Antes, se creía que la naturaleza era demasiado compleja y fragmentada como para tener una sola forma o fórmula matemática que la representara con exactitud. Precisamente por esa razón, los primeros árboles que dibujan los niños se asemejan a piruletas con palo. Fue a partir de una revelación que Mandelbrot experimentó cuando estudiaba la arquitectura mundial y las herramientas inadecuadas con las que contaba para recrear lo que veía cuando comenzó a buscar una nueva forma de expresar sus experiencias. El matemático comentó al respecto:

> No creo que Euclides sea el camino para comenzar a aprender matemáticas. El aprendizaje de las matemáticas debería comenzar por el aprendizaje de la geometría de las montañas y de los seres humanos. En cierto sentido, la geometría de... bueno, la madre naturaleza, y también de los edificios, de la gran arquitectura.[12]

Con estas palabras, Mandelbrot afirmó de manera intuitiva todo lo que sabemos. La naturaleza no utiliza líneas ni curvas perfectas para crear montañas, nubes y árboles. Más bien, emplea fragmentos irregulares que, cuando se toman como un todo, se *transforman* en montañas, nubes y árboles. Una clave de los fractales es que cada fragmento, sin importar lo pequeño que sea, tiene el mismo aspecto que el patrón más grande del que forma parte. Esto tendrá importancia en el siguiente capítulo, cuando empecemos a considerar el tiempo como patrones fractales.

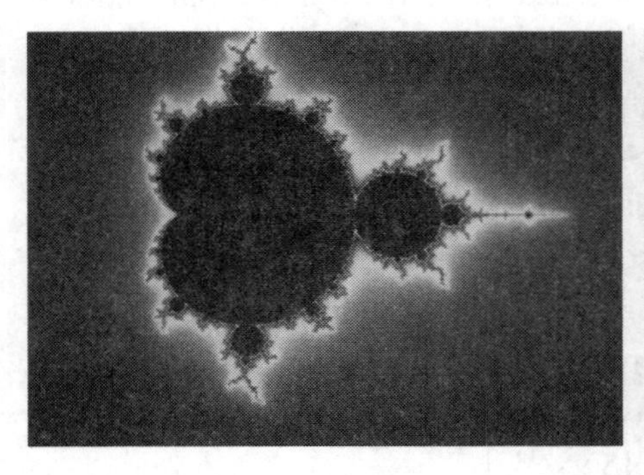

Figura 9. En los años setenta, Benoit Mandelbrot programó un ordenador con el que produjo las primeras imágenes fractales, como las que vemos a la izquierda, llamadas conjunto Mandelbrot. Si ampliamos cada parte del patrón, vemos que, sea cual sea la escala, el patrón original se repite a sí mismo y conserva el mismo aspecto. Los científicos han descubierto que estos principios de similitud describen la naturaleza y pueden imitar incluso los patrones más complejos, como el de la hoja de helecho de la derecha.

Cuando Mandelbrot programó su sencilla fórmula en un ordenador, los resultados fueron sorprendentes. Al describir todo lo que hay en el mundo natural como pequeños fragmentos que tienen un gran parecido con otros igualmente pequeños, y al combinarlos con patrones más grandes, las imágenes resultantes eran más que simples aproximaciones a la naturaleza: *parecían exactamente la naturaleza misma.*

Esto es precisamente lo que la nueva geometría de Mandelbrot nos mostró de nuestro mundo. La naturaleza se construye a sí misma a partir de fragmentos, y cada uno está conformado por patrones que son similares, pero no idénticos. El término para describir esta semejanza es *autosimilitud.*

Código del tiempo 11: la naturaleza utiliza unos cuantos patrones simples, similares y repetitivos –fractales– para convertir la energía y los átomos en las formas conocidas de todo lo que existe, desde raíces, ríos y árboles hasta rocas, montañas y seres humanos.

Aparentemente de la noche a la mañana, fue posible utilizar fractales para duplicar cualquier cosa, desde la línea costera de un continente hasta un bosque alpino, e incluso el propio universo. La clave consistía en encontrar la fórmula y el programa adecuados. Esta idea nos lleva de nuevo a pensar en la naturaleza como si fuera un programa que mueve al universo.

Si todo el universo es realmente el resultado de un programa asombrosamente inmenso, antiguo y en continuo funcionamiento, tal como han sugerido Zuse y Lloyd, ese programa debería producir los patrones fractales que vemos en el mundo que nos rodea. Esta visión fractal del universo implica que todo, empezando por un solo átomo y terminando por la totalidad del cosmos, está hecho únicamente por unos cuantos patrones naturales. Aunque estos pueden combinarse, repetirse y crearse a sí mismos a escalas más grandes, también pueden reducirse a unas pocas formas sencillas.

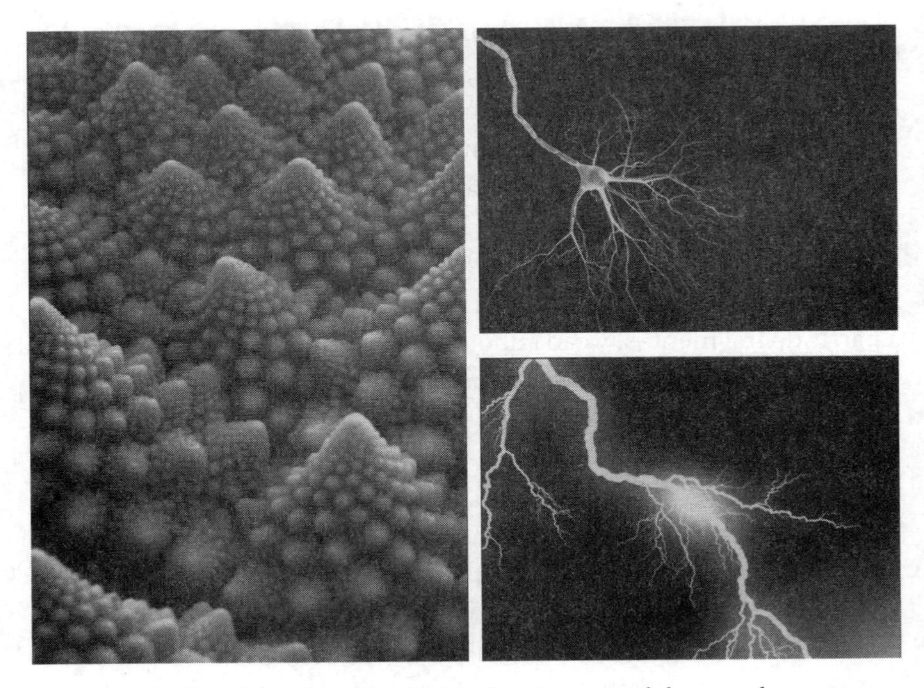

Figura 10. Ejemplos de fractales en la naturaleza. La imagen de la izquierda pertenece a un brócoli romanesco. De los cogollos al tallo, los mismos patrones se repiten en escalas diferentes para crear la cabeza del brócoli. La imagen de la parte superior derecha es un relámpago que cae a la tierra y la que aparece debajo del relámpago es la de una neurona ampliada; una célula especializada del sistema nervioso que transmite información eléctrica dentro del cuerpo. Estas imágenes ilustran la forma en que los patrones repetitivos y similares pueden utilizarse para describir el universo, desde lo más pequeño hasta lo más grande, difiriendo solo en la escala.

La idea es ciertamente atractiva. De hecho, resulta hermosa. Pensar en el universo como en una realidad fractal es algo que trasciende la separación artificial que le hemos conferido a nuestro conocimiento en el pasado, uniendo disciplinas muy distintas de las ciencias y la filosofía en una historia grandiosa y elegante sobre el origen del universo. La visión fractal del cosmos es tan completa que explica incluso las cualidades estéticas de equilibrio y simetría a las que aspiran artistas, matemáticos, filósofos y físicos en las manifestaciones más depuradas de sus oficios.

Esta visión se halla en sintonía con la declaración profética sobre la veracidad de la sencillez observada por el innovador físico John Wheeler. Antes de su muerte en el 2008, Wheeler predijo que todo debe de estar basado en una idea simple, y que si descubrimos esa idea «tan simple, tan hermosa y tan convincente, nos diremos mutuamente: "¿Cómo habría podido ser de otra manera?"». Un universo de patrones fractales encaja ciertamente con esta predicción.

Además de dar cabida a los requerimientos de tantas formas de pensamiento tan diferentes entre sí, el modelo fractal de nuestro universo también tiene otra ventaja importante: contiene la clave para descubrir nada menos que el funcionamiento interno de los patrones de la naturaleza. Si, por ejemplo, podemos entender el patrón de un átomo a pequeña escala, el patrón fractal de un sistema solar comenzará a tener sentido. Y si comprendemos el sistema solar, los patrones de una galaxia deberían empezar a encajar. Aunque cada uno de estos sistemas tiene un tamaño muy diferente, son expresiones de un patrón común; son fractales el uno del otro.

Código del tiempo 12: todo lo que necesitamos para entender el universo se halla en la simplicidad de cada una de sus partes.

Gracias a su gran talento para encontrar las palabras adecuadas y crear imágenes mentales llenas de sentido, William Blake captó la esencia de un universo fractal en la simplicidad de cuatro versos cortos, contenidos en el que tal vez sea su poema más popular, *Augurios de inocencia*. El poeta nos recuerda:

Ver el mundo en un grano de arena,
y el cielo en una flor silvestre,
sostener el infinito en la palma de la mano,
y la eternidad en una hora.

La belleza de estas palabras nos recuerda que lo único que necesitamos para entender la inmensidad del universo está en la simplicidad de sus partes.

El número más hermoso de la naturaleza

En enero de 1986, fui por primera vez a Giza, Egipto. Elevándose en dirección al cielo, se alzaba la maravilla que constituye uno de los mayores enigmas de la historia de nuestra especie, y el monumento que me ha fascinado desde la primera vez que vi su imagen en mi infancia. Ahora me encontraba en la base de la Gran Pirámide.

Se veía diferente de cerca, aun más vetusta y erosionada que en las fotografías clásicas que llenan las páginas de las guías de viaje. Aunque se suponía que tenía que estar notando los efectos del cambio de horario debido a los largos vuelos y los retrasos inesperados, no sentí nada de eso en aquel momento. Solo quería saber algo: ¿cómo puede perdurar semejante misterio en el mundo tecnológico del siglo XX? ¿Quién había puesto allí esa pirámide? ¿Y cómo lo hicieron?

La Gran Pirámide constituye uno de esos enigmas que parecen ser un pozo sin fondo para las preguntas. A diferencia del método tradicional para resolver misterios basado en el descubrimiento de los hechos, cuanto más sabemos sobre este antiguo enigma, más comprendemos que *no sabemos nada,* pero, incluso a la luz de todo su misterio, hay un hecho muy evidente sobre la Gran Pirámide de Egipto: quienquiera que la haya construido entendió el poder del número que parece impregnar la vida y las formas del universo. Se trata del mismo número que se convirtió en el tema de una de las novelas de misterio con más éxito de la historia.

En *El código Da Vinci,* la exitosa novela de Dan Brown, el personaje principal, Robert Langdon, guía a sus estudiantes en la exploración de un número poderoso –un código– que los seres de la Antigüedad reconocieron como una constante en la naturaleza y el universo. Utilizando palabras que parecen referirse más a una obra de arte que al código del mayor secreto de la historia, Langdon afirma que ese número, llamado *phi,* es «considerado el número más hermoso del universo».[13]

Aunque phi podría estar secretamente codificado en la obra de grandes maestros como Miguel Ángel y Leonardo da Vinci, no era un secreto para los arquitectos de la Gran Pirámide. La precisión de las pirámides deja pocas dudas sobre el esmero con que se aplicaron los números y cálculos utilizados en su construcción.

La Gran Pirámide se compone de 2,3 millones de piedras individuales, algunas de las cuales pesan hasta 70 toneladas. Cubre 13 acres de suelo rocoso, y está casi perfectamente nivelada en su totalidad (se cree que la estructura estuvo nivelada con exactitud en el pasado y que la pequeña inclinación que presenta en la actualidad se debe al cambio de la posición de la Tierra a lo largo de los siglos). La pirámide tiene 138 metros de altura, la altura media de la masa continental sobre el nivel del mar, y su ubicación en Egipto coincide con el centro geográfico de la masa continental del planeta.

Teniendo en cuenta estos datos, podemos estar seguros de que el empleo del número más hermoso de la naturaleza en la construcción de la pirámide fue intencionado. Por tanto, no debería sorprendernos que las propias dimensiones que hacen posible que exista este monumento misterioso se deban al uso del número phi.

Si trazamos una línea desde la cima proyectada (vértice) de la piedra situada en la cúspide hasta el extremo de la base de cada cara, obtendremos una medida en unidades phi.

La actual controversia sobre la antigüedad de la Gran Pirámide le confiere un significado aun más grande a estas medidas. Si la fecha de construcción de la estructura resultara ser más antigua que la que señala la teoría convencional, el año 2560 a. de C., esto significaría que los constructores no solo tenían los conocimientos para levantar semejante estructura, sino que también la codificaron con la esencia del número que parece regir gran parte del universo: el misterioso phi.

El misterio de phi

Phi es el número que obtenemos al comparar una parte de «algo» con otra parte de sí mismo, después de dividir ese algo de una forma muy precisa. El resultado de la comparación es la relación o ratio.

Aunque existe un número infinito de formas en que podemos dividir algo en dos partes de diferentes tamaños, desde hace varios siglos se conoce la forma que el universo parece propiciar. En aquella época, recibió diferentes nombres, que van desde la *proporción de oro* y la *ratio divina,* hasta *la relación áurea o de oro.* Aunque los nombres varían, el número que representan siempre es el mismo: *Phi,* con *P* mayúscula, que es 1,618, y su pariente cercano, phi, con *p* minúscula, que equivale a 0,618. Ambos son una forma del número áureo. En los capítulos siguientes, utilizaremos *phi* como 0,618 para los cálculos del código del tiempo.[14] La figura 11 nos ofrece un ejemplo de lo que son exactamente estas relaciones y cómo funcionan.

A comienzos del siglo XIV, el matemático italiano Leonardo Fibonacci descubrió lo que se cree que es la serie de números sin fin que crean la relación áurea. La mejor forma de ver cómo funciona esto es por medio de un ejemplo. Los siguientes son los primeros veinte números de Fibonacci, conocidos como la *secuencia Fibonacci:* 1, 1, 2, 3, 5, 8, 13, 21, 34, 55, 89, 144, 233, 377, 610, 987, 1.597, 2.584, 4.181, 6.765...

Si observamos cada número con mayor detenimiento, veremos que es el resultado de la suma de los dos números anteriores. Por ejemplo, $1 + 1 = 2$, $1 + 2 = 3$, $3 + 2 = 5$, $5 + 3 = 8$, y así sucesivamente.

También comprobaremos que al dividir cualquier número de la secuencia entre aquel que lo precede, el resultado es cercano al número áureo, muy cercano, *aunque nunca exactamente igual.* La división siempre nos da un total que es un poco mayor o menor, pero nunca igual al número áureo.

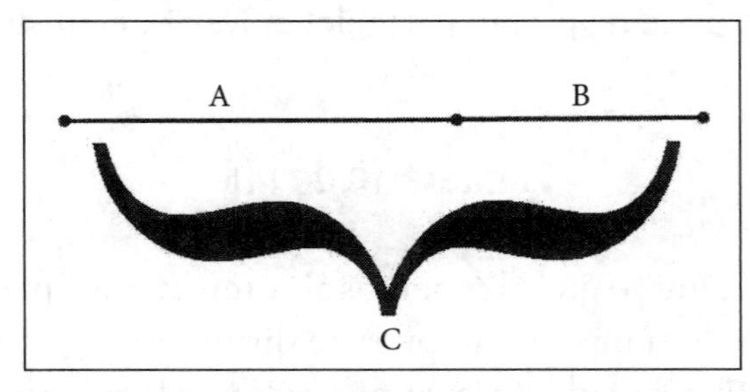

Figura 11. La relación áurea describe una relación especial entre dos partes de un todo. En esta ilustración, podemos demostrar esto al tomar la sección más larga (A) y dividirla por la más corta (B). Sea cual sea el número que asignemos a la extensión total de la línea (c), si la dividimos con las proporciones que aparecen arriba, la relación entre la sección más corta y la más larga siempre se aproximará a 1,618, mientras que la relación entre la más larga y la más corta siempre se aproximará a 0,618.

La razón es que el resultado de esta división corresponde a un tipo de números que simplemente no existe en nuestra forma de concebir los números (un *número irracional,* lo que significa que no puede ser descrito como una fracción exacta).[15] Por tanto, cada número de la secuencia se encuentra un poco por encima o por debajo de la relación áurea. Cuanto mayores sean las cifras que dividamos, más estrecho resultará el margen y más nos acercaremos al número exacto de 1,618.

Una vez más, la mejor forma de ilustrar la manera en que la naturaleza se aproxima a la ratio áurea es con un ejemplo. Las siguientes son algunas muestras de que la relación de cada par de números de Fibonacci es un poco mayor o un poco menor que la relación áurea en sí:

1/1 = 1,00	menor que 1,618
2/1 = 2,00	mayor que 1,618
3/2 = 1,50	menor que 1,618, pero más cerca que la última relación
5/3 = 1,66	mayor que 1,618, pero más cerca que la última relación
8/5 = 1,60	menor que 1,618, pero más cerca que la última relación
13/8 = 1,625	mayor que 1,618, pero más cerca que la última relación
21/13 = 1,615	menor que 1,618, pero más cerca que la última relación
34/21 = 1,619	mayor que 1,618, pero más cerca que la última relación

Tanto si hablamos de las proporciones del cuerpo humano como de los elegantes templos de la antigua Grecia, esta ratio universal parece ser el paradigma de lo que aceptamos como hermoso.

También las proporciones del cuerpo humano están reguladas por la relación áurea:

- La relación de la altura del ombligo con respecto a la de todo el cuerpo es de 0,618.

- La relación de la extensión de la mano con respecto a la del antebrazo es de 0,618.
- La relación del rostro humano desde la frente hasta la barbilla es de 0,618.

De la misma manera, las órbitas de los planetas, como Mercurio y Venus, se aproximan por la relación áurea; las espirales que dan forma a todo, desde los brazos de la Vía Láctea y los vértices de un huracán hasta la forma en que crece el cabello o los patrones que forman las semillas del girasol son reguladas por la relación áurea, y los senderos en espiral que recorren las partículas cuánticas en la cámara de burbujas de un laboratorio se rigen asimismo por la relación áurea.

La relación áurea se encuentra en todas partes. Como está siempre a nuestro alrededor, tal vez no sea una simple coincidencia que represente las proporciones de aquello con lo que nos sentimos más cómodos. La razón exacta de por qué todo lo que está basado en estas proporciones nos parece tan agradable sigue siendo un misterio, pero el caso es que es así. Es casi como si estuviéramos programados para sentirnos atraídos por un parámetro de belleza tan poderoso como este.

Además de ser el número que regula gran parte del mundo que nos rodea y aquellas partes de nuestro cuerpo que podemos ver, también es la clave de lo que no podemos ver. La relación áurea se aplica a todo, desde el estado de conciencia del cerebro hasta las proporciones del ADN. Por ejemplo, una vuelta de hélice de ADN tiene 34 unidades angstrom de largo y 21 de ancho. Cada una de esas medidas forma parte de la secuencia Fibonacci, y al igual que sucede con los otros números, 21 entre 34 se aproxima a la relación áurea 0,618.

Aunque es probable que todos sepamos esto de manera intuitiva, es importante entender que nuestra idea de la belleza tal vez no sea universal. Si algún día nos encontráramos súbitamente en un mundo extraño, con seres que tuvieran proporciones diferentes, podrían parecernos raros y desagradables, pues nos vemos obligados a basar nuestros parámetros de belleza en la relación áurea.

Al mismo tiempo, si nuestros amigos alienígenas tuvieran cuerpos basados en una proporción diferente –por ejemplo, 1:309, que representa la mitad de la relación áurea–, podríamos descubrir entonces que nosotros tenemos un aspecto tan extraño para ellos como ellos para nosotros. Saber de dónde provienen nuestros ideales de belleza, esta comprensión simple de nuestro mundo local, podría ayudarnos a ser más tolerantes con otras posibilidades y a entablar buenas relaciones con nuestros vecinos galácticos.

Por razones tan numerosas que han llenado libros enteros en el pasado, la relación áurea parece ser el principio que guía los ciclos naturales de crecimiento y las proporciones, así como los tiempos que separan los hechos que suceden en la vida.

Precisamente, debido a que la relación áurea se aplica al mundo natural de un modo tan universal, no debería sorprendernos descubrir que está relacionado con la esencia misteriosa que separa un momento de la vida del siguiente. La relación áurea tiene que ver, incluso, con el tiempo.

El misterio del tiempo

Cuando en una ocasión le pidieron al físico John Wheeler que definiera el «tiempo», lo hizo con la sencillez que podríamos esperar de un antiguo místico aislado en un monasterio en la cima de una montaña nevada del Himalaya. «El tiempo –dijo– es lo que evita que todo suceda al mismo tiempo». Aunque podríamos reírnos al escuchar una respuesta tan simple de labios de un hombre tan brillante, si realmente pensamos en ella, es obvio que Wheeler tenía una profunda comprensión de la que tal vez sea la relación más común –aunque misteriosa– que experimentamos en la vida: nuestra relación con el tiempo que define nuestra existencia.

Nuestra extraña relación con el tiempo, así como nuestros intentos por describirla, no es nada nueva. Con palabras que tienen tanto significado en la actualidad como en su época, san Agustín identificó la ironía de nuestra relación con el tiempo. «¿Qué es el tiempo? –dijo–. Si nadie me lo pregunta, sé lo que es. Pero si quiero explicárselo a quien me lo pregunta, no lo sé». Hace ya mil seiscientos años, san Agustín pareció acertar con respecto al misterio del tiempo.

Sin duda alguna, el tiempo es la experiencia más difícil de definir y explicar. La razón es que nadie lo ha visto, lo ha medido directamente o lo ha experimentado. No podemos captarlo ni fotografiarlo. En oposición a lo que parece sugerir la idea de «horario de verano», es imposible guardarlo en un lugar para utilizarlo después. Si tratamos de describir lo que significa el tiempo en nuestras vidas, descubrimos que la única forma de hacerlo es narrando nuestras experiencias *dentro* del tiempo, en lugar de hablar de él en sí.

Decimos que algo sucedió en el pasado, que está sucediendo ahora en el presente o que sucederá en algún momento del futuro. En otras palabras, es como si no pudiéramos separar el tiempo de los acontecimientos, y esta es exactamente la clave de lo que bien podría ser uno de los mayores saltos de la humanidad en términos de entender la forma en que funciona el universo: que el tiempo y lo que sucede dentro de él están íntimamente ligados como dos partes de la misma esencia, y que no pueden separarse.

Dos descubrimientos revolucionarios del siglo XX cambiaron para siempre nuestra concepción del tiempo. Gracias a ellos, fue posible relacionarlo con los hechos que suceden dentro de él. En otras palabras, fue científicamente «legítimo» pensar en considerar el tiempo como una entidad. Si el tiempo se comporta como una entidad, eso significa que podemos medirlo.

Como el tiempo es un proceso natural y gran parte de la naturaleza se rige por la relación áurea, tendría sentido que siguiera los mismos patrones de los fractales y la relación áurea. Y efectivamente lo hace. Para entender cómo esta forma de pensar paradigmática y demoledora conecta los acontecimientos que suceden en el futuro con los del pasado, primero debemos mirar más de cerca el misterio del tiempo.

El espacio y el tiempo restaurados

Hasta el siglo XX, el mundo occidental pensaba en el tiempo en términos poéticos, como algo que existe únicamente porque necesitamos que exista en nuestra experiencia. El filósofo Jean-Paul Sartre lo describió como «un tipo especial de separación» entre los sucesos de la vida. Esta separación es lo que crea lo que llamó «una división que une».

Los filósofos griegos fueron de los primeros en tratar de definir el tiempo. Por ejemplo, en su obra *Timeo,* Platón asegura que fue creado junto al firmamento por una razón específica: «[El Creador] quiso hacer que el universo fuera eterno en la medida de lo posible». Pero al reconocer que la vida *dentro del universo* no compartía el atributo externo *del universo,* razonó que el Creador «decidió tener una imagen inmóvil de la eternidad», y que «cuando puso el firmamento en orden, hizo que esta imagen fuera eterna pero que se moviera según un número, mientras que la eternidad en sí misma descansara en la unidad; y a esta imagen llamaremos tiempo».[16] A partir de esta descripción, vemos que Platón creyó que el tiempo se originó con el nacimiento del universo, y que era la forma que Dios tenía de asegurarse una creación perdurable.

Con el nacimiento de la ciencia en el siglo XVII, el tiempo comenzó a adquirir un nuevo significado. Cuando Isaac Newton formalizó las leyes del movimiento en 1687, reconoció que sus teorías, al igual que sus ecuaciones, estaban basadas en el tiempo. Por tanto, para identificar la naturaleza de las cosas de las que dependía su trabajo, definió el tiempo puro como algo que «fluye serenamente sin relación a nada externo».[17]

En otras palabras, Newton concibió el tiempo como una categoría absoluta: el tiempo «es» lo que «es», y *no está* influido por el universo ni por los acontecimientos del mundo. Esta visión del tiempo opera como si hubiera un reloj independiente funcionando en algún lugar *fuera* del universo, llevando continuamente la cuenta del constante flujo del tiempo. Las ideas de Newton fueron aceptadas con rapidez porque parecían funcionar bien; tan bien que desarrolló el cálculo, un sistema matemático basado en su noción del tiempo.

Las implicaciones que ha tenido la visión del tiempo de Newton como una categoría absoluta todavía siguen vigentes. Si sus ideas son correctas, esto significa que deberíamos ser capaces de calcular la ubicación de cada partícula que existe en el universo. Y si podemos saber dónde se halla cada partícula y la rapidez con que se mueve, deberíamos ser capaces de calcular su ubicación exacta en otro momento del tiempo.

Una vez se aceptaron las ideas de Newton, todo el universo comenzó a parecerse a una gran máquina formada por partículas que podían rastrearse de un lugar a otro. Esta visión mecanicista de la realidad y de nuestros cuerpos nos ha conducido a la ruptura actual que existe entre ver nuestro mundo como un conjunto de partículas individuales que pueden conocerse y medirse de forma absoluta (física clásica) y conceptualizarlo como zonas de energía descritas por probabilidades (física cuántica).

Estas visiones poéticas cambiaron para siempre gracias a la teoría de la relatividad propuesta por Einstein en 1905. En lugar de concebir el tiempo como una experiencia separada de todo lo demás, Einstein sugirió algo tan radical que incluso los científicos tuvieron que reconsiderar las bases de la física para entender lo que decía. Lo más importante de su teoría es simplemente esto: *el tiempo es parte del universo y no puede separarse del espacio que recorre.*

En otras palabras, el tiempo y el espacio son dos partes de lo mismo. Y así como dos hebras se funden íntimamente en un mismo hilo, el tiempo no puede separarse del espacio por el que se mueve. Son el espacio y el tiempo, unidos como *espacio-tiempo,* tal como afirmó Einstein, lo que forma un ámbito más allá de nuestro mundo tridimensional. Él llamó a este ámbito la *cuarta dimensión.* Con la aceptación de las ideas de Einstein, el tiempo se convirtió en algo más que un concepto filosófico superficial. Repentinamente, se transformó en una fuerza de la naturaleza que los científicos tenían que tomar en serio.

Aunque se atribuye a Einstein la publicación de la teoría de la relatividad, en realidad la idea de que el tiempo y el espacio están entrelazados fue de Hermann Minkowski, uno de sus colegas y amigos, que formuló su teoría a partir de las ideas de aquel, en la 80 Asamblea de físicos y científicos alemanes, celebrada en 1908. Minkowski comenzó con estas famosas palabras:

> La visión del espacio y del tiempo que quiero exponer ante ustedes ha surgido del terreno de la física experimental, donde radica su fortaleza. La visión es radical. A partir de ahora, el espacio en sí y el tiempo

Figura 12. ¿Qué aspecto tiene el espacio-tiempo? Los científicos suelen ilustrarlo con imágenes semejantes a la de arriba, donde las ondas del espacio se inclinan y están modeladas por ciertos elementos como los agujeros negros y la gravedad de los planetas. Sin embargo, como el tiempo y los acontecimientos de la vida no pueden separarse, realmente vemos el espacio-tiempo circundante como nuestro mundo cotidiano. Desde las olas del océano hasta la persona que está sentada a nuestro lado, lo único que conocemos como nuestro mundo es el espacio-tiempo del universo congelado en el «ahora» del momento actual.

en sí están destinados a desvanecerse en simples sombras, y solo algún tipo de unión entre ambos mantendrá una realidad independiente.[18]

En reconocimiento a que tanto la teoría de la relatividad de Einstein como las revisiones de Minkowski condujeron a una de las ideas más revolucionarias de la ciencia, el término completo para el concepto planteado por Minkowski se conoce actualmente como el *espacio-tiempo de Einstein-Minkowski.*

Einstein sabía que su teoría de la relatividad era compleja. En una carta dirigida a Heinrich Zangger en 1915, afirmó: «La teoría es hermosa más allá de toda comparación. Sin embargo, solo *un* colega ha sido realmente capaz de entenderla y [utilizarla]».[19] (Ese colega era el matemático David Hilbert.) Sin embargo, una vez que la teoría de la relatividad comenzó a aceptarse, no hubo marcha atrás. Todo el mundo parecía hablar de ella, y más de treinta años después, a Einstein todavía le sorprendía que sus ideas sobre el espacio y el tiempo hubieran sido tan bien recibidas.

En una carta dirigida a Philipp Frank en 1942, escribió: «Nunca entendí por qué la teoría de la relatividad [...] tuvo una aceptación tan entusiasta y apasionada por parte de un amplio sector de la población». En otra carta dirigida a su amigo y colega Marcel Grossmann, describió cómo sus ideas sobre la relatividad habían calado en el público general: «Actualmente, todos los cocheros y camareros discuten sobre si la teoría de la relatividad es correcta o no».[20]

Con palabras que dieron un significado completamente nuevo a nuestra noción del tiempo, Einstein describió su naturaleza misteriosa al explicar: «El tiempo no puede definirse en términos absolutos, y existe una relación inseparable entre el tiempo y la señal de velocidad [velocidad de la onda]».[21]

Nuestra forma, adoptada durante trescientos años, de concebir el tiempo y los acontecimientos que suceden dentro de él cambió para siempre con esa única frase. Todavía seguimos hablando de sus implicaciones, y muchas de las preguntas generadas por las ideas de Einstein aún no han hallado respuesta.

El «problema» del tiempo

Tal vez las dos preguntas relacionadas con el tiempo que más intrigan a los científicos sean las siguientes:

1. ¿El tiempo es real?
2. ¿Por qué el tiempo parece fluir en una sola dirección: hacia delante?

Aunque estas dos preguntas pueden parecer algo que esperamos escuchar el primer día de clase en un curso universitario de filosofía, sus respuestas son la clave para entender el significado del calendario maya y el misterio del 2012. Los científicos tradicionales se toman muy en serio ambas preguntas. La razón es que deben ser respondidas para poder avanzar y resolver algunos de los mayores misterios de la física y el universo.

El esfuerzo está dando sus frutos. Estudios recientes están generando nuevas evidencias que han catapultado a los físicos hacia una nueva forma de considerar el cosmos, que nos lleva precisamente al misterio del 2012 que necesitamos resolver. Veamos, entonces, cada pregunta de manera más detallada, para saber a dónde nos conducen las evidencias.

¿El tiempo es real?

Si le preguntamos a alguien que esté atascado en el tráfico de una autopista si el tiempo es real, la respuesta será la misma. La mayoría de las personas encontrará una relación directa entre el nivel de su presión sanguínea y el tiempo que dure el atasco. Su respuesta sería: «¡Sí, por supuesto! El tiempo es real».Y desde la perspectiva cuántica de que creamos nuestra realidad basándonos en cómo percibimos nuestro mundo, esas personas tienen toda la razón.

El tiempo es tan real como aceptemos que es. Pero mientras que el «tiempo de observación» transcurre durante los minutos que tardamos en llegar de un semáforo a otro, es probable que también estemos lidiando con otra clase de tiempo: aquel que contiene aquello que sucede en el mundo. Aunque Einstein no tuvo que padecer el tráfico de las horas punta mientras se formulaba esta pregunta, ese fue precisamente el tipo de tiempo que decidió ver de un modo diferente hace un siglo. Y cuando lo hizo, todo cambió.

Aunque las teorías de la relatividad formuladas por Einstein en 1905 y en 1915 nos impulsaron a concebir el tiempo de una forma diferente, también crearon un problema sobre el que los físicos todavía debaten en la actualidad. Este es el meollo del dilema: las reglas que describen el mundo en la gran escala de los universos y las manzanas que caen de los árboles (física clásica) no parecen funcionar con las reglas que describen el pequeño mundo de las partículas subatómicas de las cuales están conformadas las manzanas y los universos (física cuántica). En última instancia, se trata del significado que tiene el tiempo en nuestra realidad. Su papel ha sido cuestionado desde hace tanto que incluso los físicos tienen su propia expresión para describir este misterio... Simplemente, se le llama «el problema del tiempo».

En 1967, dos de los científicos más brillantes del siglo XX propusieron un modo de unificar el mundo cuántico y el clásico. Los físicos John Wheeler (colega y compañero de Einstein en la Universidad de Princeton) y Bryce DeWitt (de la Universidad de Carolina del Norte) publicaron un trabajo con una ecuación que parecía integrar con éxito ambas formas de concebir el mundo, con una visión unificada, conocida como la *ecuación Wheeler-DeWitt*,[22] que supuso una gran noticia para quienes intentaban reconciliar las dos grandes teorías de la física.

Aunque los detalles de la ecuación Wheeler-DeWitt son complejos, la idea es simple. Consiste en concebir el universo desde una perspectiva que entreteje el mundo cuántico y la física clásica en una simple trama. Sin embargo, hay un pequeño «problema»: *para resolver la ecuación Wheeler-DeWitt debemos olvidarnos del tiempo.* Así es: parece que, al llegar a la solución, el tiempo simplemente desaparece de la ecuación.

En otras palabras, justo cuando parece que dos de las mentes más brillantes del siglo XX han resuelto uno de los misterios más grandes de la historia de la ciencia, descubrimos que la única forma que tuvieron de hacerlo fue descontando la esencia misma de aquello que impide que todo ocurra al mismo tiempo. ¿Qué nos dice enverdad ese descubrimiento? ¿Es posible que, en los niveles más profundos de la realidad, el tiempo no exista realmente?

Esta es precisamente la conclusión a la que parecen llegar los estudios realizados en el Instituto Max Planck de Óptica Cuántica, en Alemania. Allí, el físico Ferenc Krausz utilizó rayos láser para explorar los intervalos de tiempo más pequeños que podamos imaginar: se trata del tiempo cuántico. Su trabajo lo llevó a un lugar que se asemeja más a un mundo de fantasía creado por la imaginación que a la realidad de un experimento de laboratorio. En el Instituto Max Planck, las cosas suceden con tanta rapidez y a una escala tan pequeña que los científicos han tenido que crear todo un nuevo vocabulario simplemente para describirlas.

Por ejemplo, un *attosegundo* es una medida de tiempo que equivale a una trillonésima de segundo, es decir, el número 1 precedido de dieciocho ceros. Los científicos han descubierto, en estos instantes pequeños e inconcebibles de tiempo, lugares donde *no* hay tiempo, ámbitos donde el espacio que existe entre un evento y el siguiente no tiene significado ni sentido. A esto se lo llama *tiempo Planck,* que se mide como cualquier acontecimiento que ocurra en un intervalo de 10^{-43} segundos o menos. En términos de escala, una unidad de tiempo Planck es menos de una trillonésima parte del attosegundo mencionado anteriormente. Al menos por ahora, es la unidad de tiempo más pequeña con significado en el mundo de la física.

Esto nos devuelve a la realidad del tiempo en sí y a lo que sucede en intervalos que son inferiores al tiempo Planck. Lo importante es que el tiempo desaparece en aquello que sucede por debajo de la escala Planck. En otras palabras, los hechos que ocurren a una escala tan pequeña no parecen tener significado en nuestro mundo físico. Esto ha conducido a la polémica noción de que el tiempo posiblemente no sea tan importante como una vez pensamos que era, o que es probable que no exista de la forma en que lo hemos concebido hasta ahora. Cario Rovelli, físico de la Universidad del Mediterráneo, en Marsella, sintetiza esta posibilidad: «Es probable que la mejor forma de pensar en la realidad cuántica sea renunciando a la noción del tiempo; que la descripción fundamental del universo debe de ser eterna».[23]

Con estas palabras, Rovelli explica lo lejos que hemos llegado en nuestra concepción de lo que significa el tiempo para nosotros. Aunque estábamos acostumbrados a considerarlo la base de la vida y del universo, podríamos estar descubriendo que, al menos en algunos lugares, el tiempo no tiene importancia. Ahora ya contamos con los elementos necesarios para abordar la pregunta que formulé anteriormente: ¿el tiempo es real, o es nuestra experiencia lo que le da significado? Es interesante señalar que la respuesta a ambas partes de la pregunta parece ser la misma: sí. Todo depende del nivel de realidad del que estemos hablando y de nuestro lugar en esa realidad.

Cuando «entonces» es «ahora»: el lenguaje que refleja la realidad

Aunque la ciencia moderna aún trata de entender la realidad del tiempo y lo que esto significa en relación con los conceptos del pasado y del futuro, nuestros antepasados indígenas ya eran muy conscientes de estas relaciones. Cuando el lingüista Benjamin Lee Whorf estudió la lengua de los hopi a mediados del siglo XX, descubrió, por ejemplo, que sus palabras reflejaban directamente su visión de la naturaleza atemporal del universo. Su percepción del tiempo y de nuestro lugar en él difería mucho de la forma en que normalmente lo concebimos nosotros. Ellos veían el mundo como una sola entidad, donde todo estaba conectado y sucedía en el «ahora».

Whorf sintetizó la cosmovisión hopi en su revolucionario libro *Lenguaje, pensamiento y realidad*: «En [la] visión hopi, el tiempo desaparece y el espacio se altera, de forma que deja de ser el espacio sin tiempo homogéneo e instantáneo de nuestra supuesta intuición o de la mecánica clásica newtoniana».[24] En otras palabras, los hopi simplemente no piensan en el tiempo, el espacio, la distancia y la realidad del modo en que lo hacemos nosotros. Según ellos, vivimos en un universo donde todo está vivo y conectado. Quizá más importante aún, consideran que todo sucede «ahora». Su lenguaje refleja su visión.

Si miramos el mar, por ejemplo, y vemos una ola, por lo general diremos: «Mira esa ola». Pero nosotros sabemos que, en realidad, la ola que estamos contemplando no existe como una entidad separada, sino gracias a otras. «Sin la proyección del lenguaje –afirmó Whorf–, nunca nadie vio una sola ola».[25] Lo que percibimos es «una superficie de movimientos ondulantes que cambian continuamente», explicó. Sin embargo, los hopi afirman que el mar está «ondeando» para describir la acción del agua en el momento en que ellos la ven. En concreto, aclaró Whorf: «Los hopi dicen *walalata,* el plural del "oleaje que ocurre", y pueden llamar la atención sobre un lugar del oleaje, del mismo modo que hacemos nosotros».[26] De esta forma, y aunque nos parezca extraño, ellos describen el mundo de una manera más precisa que nosotros.

En esta visión expandida del universo, el tiempo tal como solemos concebirlo adquiere un nuevo significado dentro de las creencias tradicionales de los hopi. Los estudios de Whorf lo llevaron a concluir que «lo expresado comprende todo lo que es o ha sido accesible a los sentidos, al universo físico histórico... sin ninguna intención de distinguir entre el presente y el pasado, sino de excluir todo aquello que podamos llamar futuro».[27]

En otras palabras, la lengua hopi utiliza los mismos términos tanto si se describe lo que «es» como lo que ya ha sucedido. Si sabemos que el mundo cuántico contiene el registro de todas las posibilidades, esta visión del tiempo y del lenguaje tiene mucho sentido. Cuando los hopi dicen que algo «es», están describiendo las posibilidades cuánticas que se han manifestado, al mismo tiempo que dejan el futuro abierto a otras posibilidades.

Desde las implicaciones de la lengua hopi hasta los actuales experimentos de laboratorio que demuestran que la observación afecta a la realidad, es evidente que, en nuestra relación con el tiempo, hay algo más que el hecho de utilizarlo para calcular en qué momento del día nos encontramos. Aunque tal vez no exista en el mundo cuántico invisible, el tiempo existe definitivamente en el macromundo, como los universos, los patrones y los ciclos. Dondequiera que haya tiempo, este siempre parece fluir en la misma dirección, lo cual nos conduce a nuestro segundo misterio.

Aunque las matemáticas que describen el tiempo parecen aceptar que se desplaza tanto hacia adelante como hacia atrás, nuestro mundo cotidiano parece estar atrapado en un lugar donde únicamente experimentamos el movimiento futuro al que los físicos se refieren como la «flecha del tiempo».

¿Por qué el tiempo parece fluir en una sola dirección?

Cuando los físicos hablan del tiempo, sus ideas siguen generalmente una de estas dos líneas de pensamiento. La primera dice que el tiempo es una experiencia subjetiva y que la forma en que lo experimentamos viene determinada por quien tiene esa experiencia. Desde esta perspectiva, existe el pasado, el presente y el futuro. Cada individuo existe como un flujo de energía y acontecimientos que experimentamos como el «ahora».

Quizá la mejor descripción de esta forma de pensamiento haya sido la que hizo el propio Einstein en una carta que escribió alrededor de 1931: «Para aquellos de nosotros que creemos en la física –dijo– esta separación entre pasado, presente y futuro es solo una ilusión, aunque persistente».[28] Aunque muchos físicos creen que nuestra «ilusión» del tiempo podría ser la forma en que funciona el universo, cuando se trata de las matemáticas que describen el tiempo, hay un misterio que parece ser tan persistente como la propia ilusión. Se denomina la flecha del tiempo o, más comúnmente, el «problema del tiempo».

Expresado en términos simples, el problema es el siguiente: el tiempo parece fluir en una sola dirección. Pasa del presente al futuro. Aunque no hay ninguna ley de la física que asegure que el tiempo deba ir en una sola dirección, todos sabemos que así lo hace. O al menos, esa es la forma en que nos parece a nosotros. Cualquier duda con respecto a este hecho desaparece rápidamente cuando pensamos en cómo funcionan las cosas en nuestro mundo cotidiano.

Por ejemplo, si cuando nos apresuramos a preparar el desayuno, un huevo resbala de nuestros dedos y se estrella contra el suelo de la cocina, ese huevo se rompe de un modo irreversible, y podemos asumir con seguridad que permanecerá así para siempre. La posibilidad de que la cáscara fragmentada y destrozada se una de nuevo y vuelva a adquirir la forma del huevo original, sumada a la posibilidad de que la yema desparramada por el suelo se aglutine súbitamente en la masa redonda que antes se alojaba perfectamente dentro de la cáscara, es muy remota.

Sin embargo, lo que hace que esto sea tan interesante es que no hay nada que evite que sucedan este tipo de cosas. Es decir, no existe absolutamente nada en las leyes de la física, al menos tal como las conocemos en la actualidad, que diga que el huevo tenga que quedarse roto para siempre. De hecho, la física sugiere justamente lo contrario: se dice que los principios que determinan el flujo del tiempo en el universo son simétricos, es decir, que pueden ir en cualquier dirección.

No obstante, sabemos que no es así. Simplemente tenemos que pensar en el huevo roto sobre el suelo de la cocina, en el movimiento del dinero en nuestras tarjetas de crédito, o en cómo cambiamos a medida que envejecemos, para ser testigos de la flecha del tiempo. La pregunta es ¿por qué? ¿Qué es lo que parece obligar al tiempo a fluir en una dirección, y por qué esa dirección siempre es hacia el futuro?

La respuesta a esta pregunta es la segunda clave para entender el misterio del 2012. Se remonta a la brillante comprensión de Einstein de que el tiempo y el espacio son inseparables.

En términos generales, la visión predominante de cómo comenzó todo en el universo se resume en una parte de la llamada *teoría del*

Big Bang. Expresada en términos simples, la teoría del Big Bang propone que una liberación primaria de energía puso en movimiento al universo. Aunque existe controversia sobre cuándo ocurrió exactamente esto y qué pudo existir con anterioridad, la información sugiere firmemente que, en efecto, tuvo lugar. Ciertos datos suministrados recientemente por satélites, como el *Observatorio Chandra* de la NASA y el *Cosmic Background Explorer* (*COBE*), muestran lo que se cree que son los restos de la liberación masiva de energía que dio nacimiento a nuestro universo hace 14.000 millones de años.[29] Lo importante aquí es que la energía parece alejarse de un lugar situado en el centro del cosmos. Y a medida que lo hace, la información muestra que se está expandiendo y enfriando.

Es en esta expansión hacia afuera del universo, desde un punto central, donde podríamos encontrar la clave para el misterioso flujo del tiempo en una sola dirección. Al igual que el huevo en el suelo de la cocina no retrocede en la secuencia de acontecimientos que condujeron a que se rompiera, el universo no retrocede en el flujo de la expansión hacia fuera que comenzó con el Big Bang; o al menos no en el actual ciclo del universo tal como lo conocemos. *Dado que el tiempo es el espacio en el que viaja, se expande con el flujo del espacio: hacia fuera y alejándose de su centro.*

Por consiguiente, aunque las leyes de la física pueden aceptar que el tiempo se desplaza hacia delante o hacia atrás –hacia el futuro o hacia el pasado– el flujo hacia fuera del universo hace que su flecha vaya en una sola dirección. Así pues, ¿qué le sucedería al tiempo si el universo dejara de expandirse y comenzara a contraerse? ¿Comenzaría a moverse en dirección opuesta y a hacerse «más pequeño»? Esto es precisamente lo que los textos tradicionales hinduistas sugieren que es nuestro destino final.

En la historia de la creación de los Puranas, la existencia del universo se atribuye a la inhalación y exhalación de aire por parte de Brahma. De manera similar a la descripción científica del Big Bang acerca de la liberación de energía que dio comienzo al cosmos, los antiguos mitos relacionan este comienzo con la liberación de energía proveniente del aire exhalado por el dios. Mientras Brahma siga exhalando aire, el universo seguirá creciendo y expandiéndose.

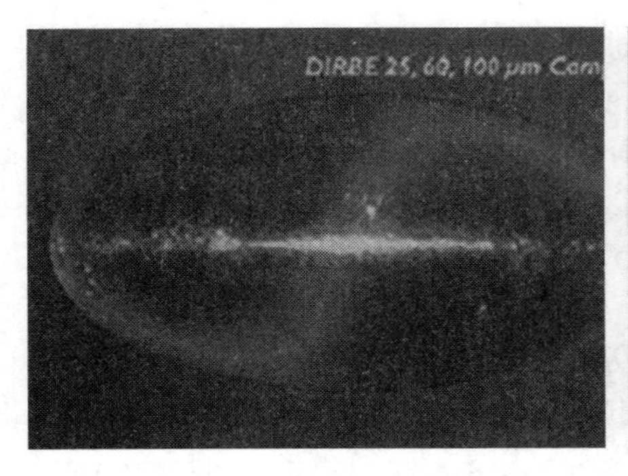

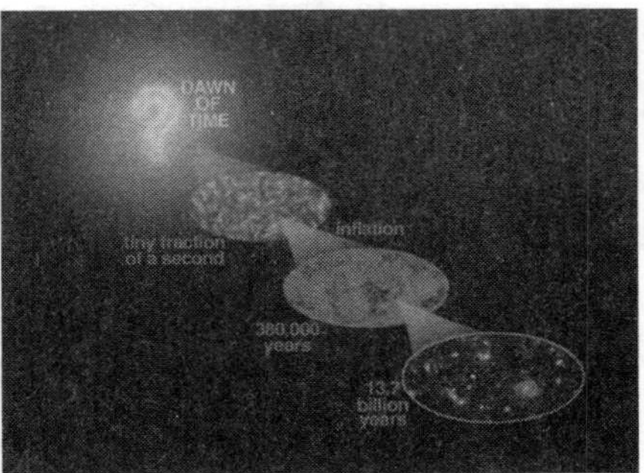

Figura 13. *Izquierda:* imagen del satélite *COBE*, que muestra la concentración de energía producida por la explosión original del Big Bang. *Derecha:* ilustración realizada por un artista que muestra la energía del universo, la cual se expande hacia fuera y se aleja de un punto central. Dado que el tiempo y el espacio por el que viaja no pueden separarse, la expansión continua y hacia fuera del universo podría explicar el misterio de por qué el tiempo parece ir en una sola dirección y siempre hacia el futuro.

Adicionalmente, así como las teorías científicas identifican un tiempo en que las fuerzas de la gravedad y el electromagnetismo alcanzarán un equilibrio, dejarán de expandirse y empezarán a contraerse, los textos hinduistas describen un momento en el que Brahma termina de exhalar, hace una pausa y se inicia la siguiente fase de su respiración inhalando.

Si el espacio-tiempo realmente existe tal como lo describe la teoría de la relatividad, durante ese período experimentaremos el tiempo de un modo muy diferente a como lo hacemos ahora. Sin embargo, aquí es donde todo se vuelve aún más interesante.

Según las teorías actuales, es probable que la contracción del universo haga que el espacio fluya en dirección opuesta a la que vemos hoy. En otras palabras, todas las partículas que se han *alejado* del lugar donde ocurrió el Big Bang comenzarán un viaje de regreso *hacia* su punto de origen. Dado que el espacio es tiempo, este también invertirá su trayectoria.

Así, tal vez descubramos que el motivo por el cual el tiempo parece ir solo hacia el futuro es, simplemente, porque sigue el movimiento del espacio. Si nos encontráramos en un lugar donde el espacio se contrae, como por ejemplo, los agujeros negros o de gusano, o una dimensión desconocida, las matemáticas que conocemos en la actualidad todavía se aplicarían, pero en sentido opuesto.

La forma del tiempo

Como el espacio y el tiempo son partes diferentes de una misma cosa, y las «cosas» tienen forma, la pregunta que surge cuando concebimos el tiempo como una onda es la siguiente: ¿qué aspecto tiene? ¿Qué forma tiene el tiempo? Aunque es probable que tardemos un poco en adaptar nuestras mentes a la posibilidad de que el tiempo pueda tener forma, lo cierto es que no se trata de una idea nueva. De hecho, esa es precisamente la conclusión a la que llegaron algunos científicos de mentalidad abierta y pensamiento avanzado a comienzos del siglo pasado.

En 1913, el matemático Élie-Joseph Cartan (1869-1951) propuso un nuevo tipo de matemáticas para explicar algunos de los misterios del espacio-tiempo que no podía esclarecer la teoría de la relatividad de Einstein. El resultado fue la *teoría Einstein-Cartan,* que describe al espacio-tiempo como algo que se mueve de un modo especial y sigue una trayectoria particular, lo cual crea un efecto especial. La trayectoria es una espiral, y el efecto se llama *campo de torsión.*[30]

Pensar que el universo está conformado por campos de torsión presenta varias implicaciones profundas. Tal vez la más obvia es que la forma del espacio-tiempo es el patrón predominante con el que la materia forma la naturaleza. No necesitamos ir muy lejos para encontrar evidencias de que es así. Por todas partes, vemos las espirales de la naturaleza. De hecho, parece ser el patrón de gran parte del universo tal como lo conocemos. Si comenzamos con lo grande, como las galaxias, y pasamos a lo más pequeño, que no podemos ver sin la ayuda de aparatos especiales, se hace evidente que las espirales de espacio-tiempo son la clave del código de la naturaleza.

Este es un breve listado de la universalidad de esta forma y de la frecuencia con que aparece en nuestro mundo y más allá de él:

- La forma de espiral que tienen la Vía Láctea y otras galaxias.
- Las órbitas en espiral de los planetas cuando giran alrededor del Sol.
- Los patrones en espiral de los sistemas climáticos que se desplazan por la faz de la Tierra.

- El vórtice en espiral que forma el agua en el fregadero, con una dirección en el hemisferio norte y con la opuesta en el hemisferio sur.
- Los vientos en espiral que tienen la conocida forma de embudo de los huracanes, tornados y tormentas de polvo.
- La configuración en espiral de la disposición de las semillas en ciertas flores, como el girasol.
- Los patrones en espiral que forman la capa protectora que vemos en las conchas de las playas.
- Los patrones en espiral que definen gran parte del cuerpo humano.

Y la lista sigue y sigue...

Aunque es probable que no pensemos mucho en el papel de las espirales en la naturaleza, algunos naturalistas visionarios, como Theodor Schwenk (1910-1986) o Viktor Schauberger (1885-1958), dedicaron sus vidas a hacer justamente eso. Gracias a sus estudios, tenemos una documentación clara del papel que las espirales de energía desempeñan en todo lo que existe sobre la faz de la Tierra, desde el movimiento de los ríos y arroyos hasta el de la sangre que circula por nuestras venas para darnos vida. Y precisamente por el hecho de que el patrón en espiral y el efecto de torsión parecen ser tan universales, es perfectamente lógico encontrar esta forma en aquello que conforma el universo.

Esta idea nos lleva de nuevo al número más hermoso de la naturaleza. Y la espiral que vemos con tanta frecuencia en el mundo es realmente un tipo especial de espiral conformada por los números que vimos anteriormente en la secuencia Fibonacci. Se llama *espiral Fibonacci.* Por tanto, el hermoso número phi, que determina la frecuencia con que se repiten los ciclos en la naturaleza, también parece regular la propia forma del espacio-tiempo que llenan esos patrones.

Así pues, ahora podemos responder la pregunta que dio inicio a esta sección: ¿qué aspecto tiene el tiempo? La evidencia de las espirales en la energía y en la naturaleza sugiere que las ondas de tiempo siguen la trayectoria de esas espirales y, al hacerlo, crean los campos de torsión que mueven a los ciclos a través del universo. Si tenemos esto en cuenta, tiene aún más sentido pensar que los hechos que suceden en la vida y en el mundo realmente son lugares que aparecen en las espirales del tiempo en continua expansión. Tanto si hablamos del tiempo en términos de segundos como de años o eones, lo cierto es que estos lugares pueden medirse, calcularse e incluso predecirse.

Apliquemos ahora nuestra noción de la forma del tiempo (espiral) y del movimiento (hacia fuera) al mundo cotidiano. Todos hemos escuchado que la historia se repite, pero ¿qué significa realmente eso? ¿Hasta qué punto lo hace? ¿Podemos saber si una mala experiencia del pasado (o, también, una buena) se repetirá en nuestro futuro?

En el próximo capítulo, utilizaré la simplicidad de los programas de la naturaleza para responder estas preguntas. Si sabemos dónde nos encontramos en la espiral del tiempo, podremos descubrir el evento semilla que da inicio a un ciclo, y determinar cuándo se presentarán de nuevo las condiciones personales y globales del pasado.

Capítulo 5

La historia se repite en el amor y en la guerra: advertencias fractales para el futuro

Hay ciclos en todo: en el clima, en la economía, en el sol, en las guerras, en las formaciones geológicas, en las vibraciones atómicas, en el temperamento humano, en el movimiento de los planetas, en las poblaciones de animales, en la aparición de enfermedades, en los precios de las materias primas y acciones, y en la estructura a gran escala del universo.

RAY TOMES, filósofo contemporáneo

El flujo eterno del tiempo atraviesa períodos cíclicos de la manifestación del universo...

ALEXANDER FRIEDMAN (1888-1925), cosmólogo

Siempre recordaré la expresión de mi profesora aquel día. Era evidente que, cuando entró en el aula, estaba conmocionada. Nos pidió que mantuviéramos la calma, recogiéramos nuestros abrigos y material escolar y subiéramos rápidamente a los autobuses que ya nos esperaban. Era apenas mediodía, muy temprano para que terminaran las clases. Recuerdo haber pensado que nuestra profesora sabía algo que no nos estaba diciendo.

¿Por qué *ella* se secaba las lágrimas de los ojos mientras nos pedía *a nosotros* que mantuviéramos la calma?

Era un mundo diferente en 1963. La guerra fría entre la Unión Soviética y Estados Unidos se hallaba en todo su apogeo. La inquietante imagen transmitida por todo del mundo del líder soviético Nikita Kruschev golpeando el zapato contra un escritorio mientras gritaba a Estados Unidos: «¡Los aniquilaremos!», aún estaba fresca en mi memoria. Recuerdo que todas las semanas pensaba en eso cuando nos metíamos debajo de nuestros pupitres en los simulacros de un ataque atómico sorpresa. También recuerdo haber pensado que, si realmente nos bombardeaban, el pupitre no me protegería de una explosión atómica.

Solo un año atrás, en octubre de 1962, el mundo suspiró aliviado cuando las dos superpotencias dejaron atrás la crisis de los misiles cubanos, una de las confrontaciones más visibles de la guerra fría que estuvo a un paso de desencadenar una guerra nuclear. La chica que se sentaba en el pupitre de al lado también lo recordó, y susurró que tal vez los misiles habían «vuelto». Todos sabíamos que algo había sucedido, pero no sabíamos qué. Así era el mundo el día que cientos de miles de niños salimos antes de la escuela. Era el 22 de noviembre de 1963.

Mientras nos dirigíamos a la puerta del aula, lo último que escuché fue la voz de mi profesora, que intentó darnos una explicación: «Vuestros padres os contarán lo que ha sucedido –nos dijo–. No podemos hacerlo aquí, en la escuela». Y mis compañeros y yo subimos a los autobuses sin tener la menor idea de cuándo regresaríamos, y si podríamos hacerlo.

Cuando llegué a casa, el salón era como una reproducción de lo que ya había vivido en la escuela. Mi madre tenía los ojos enrojecidos de tanto llorar y estaba visiblemente asustada. «Mira la televisión», me dijo. Todos permanecimos atentos al pequeño televisor en blanco y negro mientras sucedía lo impensable. Todos los canales mostraban las mismas imágenes con la misma noticia: el presidente de Estados Unidos había sido asesinado. El país estaba conmocionado. Había muchas preguntas sin respuesta: ¿quién lo había hecho? ¿Por qué? ¿Cómo pudo suceder algo así?

Déjà vu, cien años después

Tan solo un par de días después del asesinato de John F. Kennedy, el periódico local publicó un artículo que despertó mi fascinación por los patrones. Aunque me conmovieron la vida, ambición y visión de Kennedy, el tema principal eran las curiosas circunstancias que rodearon su muerte. Leí el artículo una y otra vez. Su título era «La historia se repite» y se concentraba en la inquietante serie de «coincidencias» que relacionaban el asesinato del presidente con otro que había ocurrido casi cien años antes: el de Abraham Lincoln. Aunque siempre me habían interesado los patrones y los ciclos, nunca antes había pensado que tuvieran relación con ambas muertes.

Al principio, leí las estadísticas por simple curiosidad. Sin embargo, aunque resultaban interesantes, parecían ser tan generales que no les encontraba grandes misterios. Pensaba que las semejanzas eran justamente eso: paralelismos en los que los reporteros se basaban para redactar historias impactantes. Por ejemplo, ambos presidentes se habían involucrado profundamente en la igualdad racial y los derechos civiles. Las esposas de ambos habían perdido algún hijo mientras vivían en la Casa Blanca. Los dos fueron asesinados un viernes y murieron a consecuencia de heridas de bala en la cabeza.

Todas eran coincidencias extrañas, pero no suficientes para convencerme de que revelaran algo extraordinario. Sin embargo, cuanto más leía, más extraños y concretos me resultaban los paralelismos.

Por ejemplo, Lincoln estaba sentado en el palco número siete del teatro Ford cuando fue asesinado. Kennedy iba en el automóvil número siete –el modelo era un Lincoln fabricado por la Ford–. Ambos iban acompañados de sus esposas. Antes de ser presidente, Lincoln había sido elegido al Congreso en 1846. Cien años después –en 1946–, Kennedy también fue elegido al Congreso. Lincoln asumió la presidencia en 1860, y Kennedy lo hizo cien años después, en 1960. El apellido de quienes los reemplazaron en la presidencia era el mismo: Johnson (Andrew Johnson nació en 1808, y Lyndon Johnson lo hizo en 1908).

A medida que seguían las comparaciones, las similitudes parecían ser algo más que simples coincidencias; iban más allá de los asesinatos y tenían que ver con las vidas de los dos presidentes, así como de sus familiares y amigos. Ambos mandatarios tuvieron cuatro hijos y perdieron a dos de ellos antes de que cumplieran diez años. Los médicos de Lincoln y Kennedy tenían el mismo nombre: Charles Taft. El secretario privado de Lincoln se llamaba John (el primer nombre de Kennedy), y el secretario de Kennedy se llamaba Lincoln (el apellido de Abraham).

Los patrones se extendían incluso a las vidas de sus asesinos; a sus historias personales, sus motivaciones y sus capturas. Por ejemplo, un oficial llamado Baker detuvo a John Wilkes Booth, el asesino de Lincoln, mientras que otro que también se llamaba Baker detuvo a Lee Harvey Oswald, el supuesto asesino de Kennedy.

Parecía que los patrones eran interminables. Pero más importante aún: eran innegables. Sin importar por qué o de qué manera estos dos eventos separados por un siglo podían ser tan semejantes, el hecho es que lo eran. Aunque este ejemplo podría ser desestimado como algún tipo de karma extraño entre estos dos hombres, la realidad es que ocurrió. Independientemente de que queramos reconocer o no las semejanzas, la respuesta a nuestra pregunta sobre si la historia se repite o no parece obvia. Al menos en el caso de estos dos eventos, la respuesta parece ser *sí*.

Nuestra respuesta nos remite a una pregunta más profunda: ¿las semejanzas que vemos entre los asesinatos de estos dos presidentes americanos, con un intervalo de cien años, son parte de un patrón más grande? Si es así, ¿cuál es ese patrón y qué nos dice sobre la naturaleza cíclica del tiempo?

La «maldición» de los veinte años

Del mismo modo que buscamos patrones para encontrar un significado a los sucesos misteriosos de la actualidad, los expertos hacen lo mismo con los momentos históricos del pasado. Por ejemplo, después del asesinato del presidente Lincoln en 1865, los estudiosos del tema comenzaron a sospechar que ese hecho podría formar parte de un patrón que estaba surgiendo. Poco más de veinte años antes, otro presidente norteamericano había muerto mientras desempeñaba su cargo. William Henry Harrison falleció en 1841, tras contraer neumonía.

La semilla del patrón de este tipo de tragedias había sido sembrada con la muerte del presidente Harrison. Las sospechas de esos expertos se vieron confirmadas en los años siguientes. Por razones que son tan inquietantes como misteriosas, en los casi ciento sesenta años que han seguido a la muerte de Harrison, aproximadamente cada veinte el presidente de Estados Unidos ha muerto en su cargo o ha sobrevivido a un intento de asesinato (ver la figura 14).

Estos patrones parecen seguir vigentes tras los intentos de asesinato de Ronald Reagan y George W. Bush. La pregunta que se hacen los expertos de la actualidad es si el hecho de sobrevivir a estos atentados ha puesto fin o no a la «maldición de los veinte años» que sufren los presidentes norteamericanos. El período presidencial del 2020 nos dará la respuesta. Sin embargo, las estadísticas parecen hablar por sí solas.

Tanto si hablamos de las coincidencias entre Kennedy y Lincoln en un período de cien años como de la «maldición» presidencial de los veinte años, tres hechos son obvios:

Año de elección	Presidente	Evento
1840	William H. Harrison	Murió en el cargo
1860	Abraham Lincoln	Asesinado
1880	James Garfield	Asesinado.
1900	William McKi,nley	Asesinado
1920	Warren Harding	Murió en el cargo
1940	Franklin Roosevelt	Murió en el cargo
1960	John F. Kennedy	Asesinado
1980	Ronald Reagan	Sobrevivió a un intento de asesinato*
2000	George W. Bush	Sobrevivió a un intento de asesinato**
*Las heridas provocadas por el arma que disparó John Hinckley Jr. fueron serias, pero no fatales		
** Bush resultó ileso cuando lanzaron una granada en su dirección durante su visita a Georgia, la antigua república soviética, en 2005		

Figura 14. Desde 1840, el país ha perdido un presidente en el cargo cada veinte años a causa de enfermedad o actos violentos (los años de elecciones suministrados en el caso de McKinley y Roosevelt corresponden a reelecciones).

Hecho 1: hay ciclos en ambos acontecimientos.
Hecho 2: ambos ciclos son «desencadenados» por un evento semilla.
Hecho 3: las condiciones del evento semilla se repiten a intervalos regulares.

Los hechos son innegables. Las preguntas que debemos hacernos son: ¿qué significan? ¿Qué nos dicen unos ciclos tan obvios sobre la naturaleza de nuestras vidas, nuestro mundo, e incluso acerca del propio tiempo?

Tal vez el mensaje codificado en un manuscrito de tres mil años de antigüedad contenga la respuesta. Pero, como suele suceder, con ello abrimos la puerta a un misterio aún mayor.

El mapa del tiempo de tres mil años de antigüedad

En noviembre de 1995, Yitzhak Rabin, primer ministro de Israel, fue asesinado en la ciudad de Tel Aviv. Aunque este suceso impactó al mundo entero, cierto aspecto en torno a su asesinato retumbó como un terremoto entre la comunidad científica, y sus secuelas se sienten hasta la actualidad. Un día antes de que todo ocurriese, Rabin advirtió que era el blanco de un asesino. Sin embargo, lo que hizo que la advertencia fuera tan inusual fue que no provino de un confidente secreto ni a consecuencia de la labor de un detective, al menos no de alguien que trabajara en las instituciones policiales. En realidad, la información sobre la muerte de Rabin se basaba en un código profético descubierto en un libro que tiene más de tres mil años de antigüedad: la Biblia.[1]

Así es: los investigadores que advirtieron a Rabin habían descubierto los detalles de su muerte en un fragmento de la Biblia. Los cinco primeros libros del Antiguo Testamento son los mismos cinco misteriosos libros que conforman la Torá hebrea, uno de los documentos que han sufrido menos cambios en la historia de la humanidad. Una comparación de la Torá actual con las versiones más antiguas muestra que no ha pasado por las ediciones y revisiones de otros libros de la Biblia. De hecho, solo unas veintitrés letras han cambiado en un lapso de mil años.

Por consiguiente, cuando estudiamos la Torá, podemos confiar en que estamos leyendo el texto original, tal como fue redactado hace más de treinta siglos. Fue por esa misma razón por lo que Rabin realizó sus tareas habituales el día en que fue asesinado. Era un hombre profundamente espiritual y creía tanto en la Torá que sintió que si su último día en la Tierra estaba verdaderamente codificado en un texto tan sagrado y antiguo, eso significa que los acontecimientos de ese día estaban destinados a ocurrir. Y así sucedió el 4 de noviembre.

Fue en la Torá, y solo en la Torá, donde el matemático y doctor israelí Eliyahu Rips descubrió el «código bíblico», que ha sido analizado y refrendado por científicos de las universidades más prestigiosas del mundo, así como por agencias técnicas especializadas en la descodificación de mensajes cifrados, como el Departamento de Defensa de Estados Unidos. Rips y Michael Drosnin, el periodista que escribió el primer libro en el que se explicaba el código, revelaron los detalles que compartieron con Rabin. El código bíblico describía los pormenores del evento con tal precisión que no existió la menor duda acerca de la información revelada.

Indicaba el apellido del primer ministro, Rabin, al igual que la fecha de su asesinato, el nombre de la ciudad en que ocurriría e incluso el nombre del asesino: Amir.[2] De un modo misterioso, los detalles del suceso que cambiaron el curso de la historia de Israel estaban codificados en la estructura del libro más amado del mundo, un texto que surgió más de mil años antes de Jesús.

El código escondido dentro del código

Durante más de doscientos años, los expertos han sospechado que la Torá contiene algo más que las palabras que se leen de forma secuencial en cada página. Un erudito del siglo XVIII, conocido como el Genio de Vilna, dijo en cierta ocasión:

> La regla es que todo lo que fue, es y será al final del tiempo está incluido en la Torá, desde la primera palabra hasta la última, y no solo en un

sentido general, sino también en los detalles de... todo lo que ha sucedido desde el día de su nacimiento hasta su fin.[3]

Algunos matemáticos estudian los mensajes codificados de la Torá sobre el tiempo pasado y futuro, creando una matriz con las letras de los primeros cinco libros de la Biblia: Génesis, Éxodo, Levítico, Números y Deuteronomio. Comenzando con la primera letra de la primera palabra, todos los espacios y signos de puntuación son eliminados hasta llegar a la última letra de la última palabra, obteniendo como resultado una sola frase de miles de caracteres de extensión.

Con la ayuda de complejos programas de búsqueda, se analiza la matriz de letras en busca de patrones y palabras que se crucen. Por ejemplo, en el libro del Génesis, el término «Torá» aparece indicado con secuencias de cincuenta caracteres entre cada letra de una palabra. La misma secuencia se observa en los libros del Éxodo, Números y Deuteronomio. Únicamente en el Levítico está ausente el código, por razones misteriosas que podrían contener un secreto aún mayor. El rabino M. D. Weissmandel encontró estas secuencias en los años cuarenta, y la palabra «Torá» se convirtió en la clave para revelar el código escondido dentro del código del texto.

Gracias al desarrollo de los ordenadores de alta velocidad, se pudo reconocer finalmente la importancia del código bíblico. Los nuevos ordenadores reemplazaron a la tediosa descodificación manual que había enloquecido literalmente a los estudiosos de la Biblia durante varios siglos. Después de compararla utilizando como grupos de control otros libros como *Guerra y paz, Moby Dick* e incluso los directorios telefónicos de las Páginas Amarillas, se descubrió que solo la Biblia contenía mensajes codificados. Según Harold Gans, quien descifró códigos para la NSA (siglas en inglés de la Agencia Nacional de Seguridad de Estados Unidos), existe casi 1 probabilidad entre 200.000 de que la información revelada en el código bíblico sea una coincidencia. Los nombres de países, eventos, fechas, épocas y personas se cruzan entre sí en sentido vertical, horizontal y diagonal, y diferencian a la Biblia de cualquier otro texto al ofrecernos una visión instantánea de los sucesos del pasado y una ventana a nuestro futuro.

Aunque el motivo por el cual una predicción tan antigua pudo anticipar con tanta precisión un período de más de tres mil años continúa siendo un misterio, la verdadera pregunta es: ¿qué relación guarda con nuestro futuro? Debido a su precisión en eventos que van desde la Segunda Guerra Mundial hasta el impacto del cometa Shoemaker-Levy contra Júpiter, pasando por los misiles Scud descubiertos durante la primera guerra del Golfo en Irak o el asesinato de Kennedy, ¿qué fiabilidad puede tener esta antigua matriz cuando se trata de indagar sobre los años venideros?

En respuesta a esta pregunta, el doctor Rips sugiere que todo el código bíblico tuvo que ser escrito al mismo tiempo, como un solo acto, y no a lo largo del tiempo. La implicación de esta afirmación es desconcertante, pues significa que cuando se transcribió la Torá, todas las posibilidades y futuros posibles ya existían y estaban fijados. «Lo experimentamos del mismo modo que experimentamos un holograma –afirma–. Parece diferente si lo miramos desde un nuevo ángulo; pero, naturalmente, la imagen ya está pregrabada».[4] La clave para aplicar este antiguo código del tiempo a sucesos futuros podría estar en contemplarlo bajo la óptica de lo que actualmente ya sabemos sobre los ciclos del tiempo.

Sembrando las semillas del tiempo

Ya hablemos de eras mundiales con una duración de 5.125 años como de la relación que existe entre los eventos de 1941, 1984 y 2001, está claro que los ciclos están presentes y que cada uno tiene un comienzo. En cada caso, dicho comienzo *–el evento semilla–* establece las condiciones que se repetirán en fechas futuras. Gracias a nuestra comprensión de los ciclos y ritmos naturales, podemos calcular cuándo se repetirán condiciones y eventos similares a lo largo de los ciclos del tiempo.

Por lo tanto, la pregunta surge: ¿es posible que todo lo que existe, desde la guerra y la paz entre las naciones hasta el amor y las penas de la vida, haya empezado con un evento semilla en algún momento de nuestro pasado lejano? En otras palabras, ¿estamos viviendo un patrón que surgió con el comienzo del tiempo –el comienzo de nuestro ciclo en el año 3114 a. de C.–, y que terminará con el final del ciclo en el año 2012 d. de C.? Si es así, ¿es el código bíblico el «mapa» que describe los ciclos, así como los eventos semilla que generan todos los dramas humanos que ocurren en nuestro mundo?

Hay que reconocer que son preguntas descomunales y que merecen mayor atención que la que se le puede dar en este libro. Pero vale la pena considerar las ideas, pues podrían ayudar a explicar el misterio del código bíblico y lo que realmente nos dice la Torá sobre nuestro futuro. Creer o no en la exactitud literal de este libro sagrado es menos importante que nuestra comprensión de los temas que aborda.

Por ejemplo, en el capítulo 4 del Génesis, el «mapa del tiempo» de la Torá describe la primera traición cometida por un ser humano contra otro, la violencia fraternal, cuando Caín le arrebató la vida a Abel. Desde la perspectiva de los patrones y ciclos repetitivos, podemos pensar en este acto primigenio de felonía como en el evento semilla que contiene los patrones repetitivos de traición a lo largo de la historia de todos los ciclos restantes.

Poco después de este acto de traición, encontramos en el mismo capítulo los primeros actos de perdón. Entre ellos, el de José, que tenía diez hermanos. Era el hijo predilecto de su padre, Jacob, razón por la cual sus hermanos se encelaron de él y lo vendieron como esclavo. En la segunda confrontación fraternal presente en el Génesis, el resultado es diferente al de Caín y Abel. El importante acto de perdón por parte de José hacia sus hermanos se convierte en un evento semilla para las condiciones de perdón que abundan en el resto de las tradiciones bíblicas y de nuestra vida actual.

Así como las semillas de la «sorpresa» y el «ataque» comenzaron en 1941 y se repiten a intervalos que pueden conocerse y predecirse, la Torá podría ser realmente el mapa de todas las posibilidades descritas por el Genio de Vilna en el siglo XVIII. Como este mapa está basado en ciclos que empiezan con un evento semilla, y como las semillas vienen descritas dentro de ellos, no debería sorprendernos descubrir que la Torá también contiene los patrones que muestran cuándo y de qué manera se repiten dichos patrones. Todo se remite a los ciclos.

Si estos ciclos se repiten todavía y nosotros somos parte de ellos, ¿qué pueden decirnos sobre nuestra vida personal y nuestro futuro global?

Puntos conflictivos y puntos álgidos para el futuro

«En una época de cambios drásticos, son los *aprendices* quienes heredan el futuro. Los *eruditos,* por lo general, están preparados para vivir en un mundo que ya no existe [la cursiva es mía]». El filósofo social Eric Hoffer describió con estas hermosas palabras la diferencia que hay entre el conocimiento con significado y la información sin significado. En un mundo de cambios continuos, no basta con conocer simplemente los hechos tal como lo hacen los «eruditos». Por ejemplo, saber que una bomba de agua de una aldea extrae el líquido de un pozo a la superficie tiene sentido siempre y cuando la bomba funcione. En caso contrario, si el mecanismo que la hace funcionar es una caja negra misteriosa que nadie entiende, podría pasar mucho tiempo antes de que la aldea tuviera agua de nuevo.

Yo vi personalmente este tipo de situaciones en una aldea tibetana. Toda la población dependía de un solo pozo con una bomba anticuada para extraer el agua. Durante una de nuestras visitas a finales de los años noventa, los ancianos de la aldea nos informaron que la bomba llevaba casi un mes sin funcionar. El problema se hizo evidente después de inspeccionarla.

La bomba había sido fabricada en 1910, y ningún aldeano sabía cómo funcionaba ni cómo repararla. Cuando entendieron que podían olvidarse de la bomba y conseguir el agua utilizando un sistema de extracción, no necesitaron ir a una ciudad cercana para la tediosa labor de acarrear agua. Podían sacarla del mismo pozo que habían utilizado en el pasado, solo que tendrían que hacer un esfuerzo manual. Simplemente, se trata de aplicar nuestros conocimientos a las condiciones actuales.

La declaración simple aunque profunda de Hoffer nos recuerda la idea de los ciclos de tiempo aplicados a nuestras vidas actuales. Como dije en la Introducción, tanto los expertos científicos como las tradiciones antiguas afirman que estamos viviendo una época que no puede compararse con ninguna otra de la historia registrada de la humanidad. Aunque parece haber un cierto consenso en que el inicio del siglo XXI es un período de grandes cambios, los motivos que subyacen tras estos cambios parecen ser muy diferentes.

Los científicos describen esta época de transformaciones como una serie de crisis separadas que simplemente suceden al mismo tiempo. Desde los cambios climáticos, el aumento del nivel del mar, la escasez de agua, alimentos y petróleo hasta la inclinación del eje de la Tierra, así como uno de los ciclos solares más fuertes de la historia, los expertos modernos consideran que nuestra época es una convergencia de desafíos múltiples –aunque separados– que nuestro planeta enfrenta de manera simultánea.

Aunque muchas tradiciones indígenas reconocen estos mismos problemas en sus cosmovisiones antiguas, estos desafíos son cualquier cosa menos independientes. Basándose en la sabiduría que les ofrecen las instrucciones de sus antepasados, los pueblos que viven en mayor armonía con la naturaleza ven las crisis modernas como un producto derivado de algo mayor, como los cambios que siempre parecen ocurrir durante el fin de una era mundial y el comienzo de otra.

Así pues, ¿qué podemos aprender del estudio de los ciclos del tiempo? Ahora que sabemos que existen y cómo funcionan, ¿hay dificultades del pasado que podamos reconocer, prepararnos para ellas e incluso prevenir en el futuro? Una vez más, nuestra calculadora del código del tiempo nos ayuda a responder esta pregunta.

La historia mostrará que el siglo XX experimentó el mayor sufrimiento y el mayor número de pérdidas humanas a manos de otros seres humanos en toda la historia de nuestra especie. Cualquier duda sobre la veracidad de esta afirmación desaparece con la evaluación realizada por Eric Hobsbawm sobre esta centuria, que definió como el «siglo más sanguinario de la historia registrada».[5]

Zbigniew Brzezinski, asesor nacional de seguridad en la administración de Carter, estimó que, en los años noventa, antes de que terminara el siglo XX, la violencia derivada de lo que se ha llamado «la inhumanidad del hombre para el hombre» costaría entre 167 y 175 millones de vidas, aproximadamente la población de Gran Bretaña,

Francia e Italia juntas.[6] La causa de las muertes se debió en gran parte a las dos guerras mundiales, a la lucha despiadada por la tierra, el petróleo, los minerales y otros recursos, así como a los aparentemente incansables esfuerzos por «limpiar» sociedades enteras, basándose en principios de raza, religión y origen étnico.

Aunque el siglo que fue testigo de tanto sufrimiento también vio cosas buenas, son las grandes tragedias las que nos hacen preguntarnos: ¿podría suceder lo mismo de nuevo? Según la perspectiva de los ciclos, la respuesta es sí. Aparentemente, los patrones que desencadenaron estas tragedias continuarán repitiéndose a intervalos rítmicos hasta que algo cambie en ellos.

Como ya he señalado, es importante tener en cuenta que son las condiciones las que se repiten y no los eventos en sí. Si sabemos que una época es propicia para que se den ciertas condiciones, podemos tomar medidas adicionales –como por ejemplo, oraciones colectivas, diálogos sensibles y tolerancia durante esas situaciones tensas– para tener la certeza de que no caeremos en las antiguas trampas que pudieron tender los ciclos del pasado.

Código del tiempo 13: nuestro conocimiento de los ciclos repetitivos nos permite señalar momentos futuros en los que podemos esperar que se repitan condiciones del pasado.

¿Es posible mirar en el futuro y anticipar los puntos críticos de tal forma que podamos prepararnos para ellos en el presente? ¡Por supuesto! La calculadora del código del tiempo puede ayudarnos a identificar exactamente dónde se hallan. Comencemos por mirar los eventos del último siglo que condujeron a algunas de las mayores tragedias de la historia. Si reconocemos estos ciclos de posibilidad y los momentos en que reaparecerán, tendremos la mejor oportunidad para evitar el sufrimiento y reemplazarlo por sanación y paz.

En la siguiente sección, identificaré algunos sucesos claves de los últimos cien años para determinar cuándo se repetirán las condiciones que los ocasionaron. Los ciclos que se derivan de cada acontecimiento se resumirán en el mismo formato que se utilizó en el capítulo 1. Al igual que antes, los cálculos han sido incluidos en los apéndices (ver el Apéndice B) para facilitar la continuidad y la lectura.

Empecemos, entonces, allí donde terminamos en el capítulo 1, con la relación que existe entre 1941, el año del evento semilla, y las condiciones que produjo en septiembre del 2001. Las fechas para el retorno del ciclo de 1941 después del 2001 fueron intencionadamente omitidas; habría tenido poco sentido citarlas antes de contar con la oportunidad de explorar la naturaleza de los ciclos, cómo funcionan y por qué se repiten.

Ahora que ya lo hemos hecho, podemos responder la pregunta acerca del cuándo o, incluso, si alguna fecha entre el 2001 y el 2012 marca el final de nuestra actual era mundial, cuál tendrá el potencial de repetir las condiciones de «sorpresa» y «ataque» para Norteamérica. La siguiente lista resume el resultado desde la perspectiva del código del tiempo:

Resumen 1 **Condiciones cíclicas para el ataque sorpresa a Estados Unidos creadas en 1941**		
Año semilla	1941	
Evento semilla	Ataque sorpresa a Estados Unidos	
Fechas calculadas para la repetición de condiciones		**Eventos ocurridos**
Fecha 1	1984	Ataque nuclear planeado contra Estados Unidos durante la guerra fría (evitado)
Fecha 2	2001	Ataques del 11 de septiembre (perpetrados)
Fecha 3	2007	Ataques planeados contra Estados Unidos e intereses en Alemania y Arabia Saudita (frustrados)

Aunque los historiadores han analizado las guerras del siglo pasado, en muchos aspectos podría esgrimirse el fuerte argumento de que se originaron con el primer gran conflicto del siglo: la Primera

Guerra Mundial. Aunque técnicamente el conflicto bélico terminó y se firmaron varios acuerdos de paz, las causas de la agitación política siguieron vigentes, y el surgimiento de dictaduras en Europa, como las de la Unión Soviética, Yugoslavia y España, podría relacionarse directamente con la forma en que finalizó la Primera Guerra Mundial.

Es por eso por lo que algunos historiadores sugieren que solo hubo una gran guerra en el siglo XX, que nunca terminó en realidad y que ha continuado en los conflictos subsiguientes. Bien sea que estemos o no de acuerdo con esa perspectiva, el hecho es que la Primera Guerra Mundial, con una pérdida de más de 40 millones de vidas humanas, comenzó con los eventos semilla de 1914. Las condiciones de ese año fueron la base de los efectos que aún se sienten en la actualidad. Por consiguiente, tiene mucho sentido comenzar por esa fecha para calcular cuándo se manifestarán de nuevo los patrones que la desencadenaron, como ondas de su ciclo repetitivo.

Al igual que sucede con cualquier patrón, las condiciones que crea continúan hasta que la introducción de un nuevo patrón las interrumpe.

Si sabemos cuándo y cómo se manifestarán los ciclos del evento semilla de 1914 en nuestras vidas, podremos reconocer los síntomas generadores de conflictos bélicos en cuanto aparezcan, y prepararnos para lo que puedan traernos, mientras trabajamos simultáneamente a fin de romper el ciclo al introducir un nuevo patrón de paz.

El siguiente resumen rastrea los cálculos del código del tiempo, desde 1914 hasta el fin del gran ciclo del 2012, para mostrarnos cuándo reaparecerán los *puntos críticos* de paz (ver el capítulo 7). De manera similar a como el programa Time Wave Zero de McKenna mostraba mayor complejidad en períodos cada vez más cortos de tiempo hacia el fin del ciclo, los cálculos del código del tiempo después del 2011 son tan frecuentes que únicamente he mencionado los primeros como un indicador del momento en que surgirán las oportunidades.

Resumen 2 **Condiciones cíclicas para la guerra mundial creadas en 1914**		
Año semilla	1914	
Evento semilla	Comienzo de la Primera Guerra Mundial	
Fechas calculadas para la repetición de condiciones		**Eventos ocurridos**
Fecha 1	1973	Ataque nuclear planeado contra Estados Unidos durante la guerra fría (evitado)
Fecha 2	1997	Ataques del 11 de septiembre (perpetrados)
Fecha 3	2006	Ataques planeados contra Estados Unidos e intereses en Alemania y Arabia Saudita (frustrados)

Los años que aparecen en el resumen 2 son momentos en que las condiciones cíclicas para una guerra global han estado presentes. Tal como vimos con el año 1984 de la fecha semilla 1941 en el capítulo 1, la presencia de las condiciones no siempre significa que lo que haya sucedido en la fecha semilla se repita de nuevo.

Lo único que nos dice es que las condiciones están presentes y que el evento *podría* repetirse. La guerra árabo-israelí de 1973 es un ejemplo perfecto de lo que quiero decir. El conflicto, conocido con nombres que van desde la guerra de Yom Kippur o del Ramadán hasta la guerra de octubre de 1973, comenzó cuando una coalición de estados árabes liderados por Egipto y Siria atacó a Israel el 6 de octubre de ese año, debido a una disputa relacionada con las fronteras, y aunque la contienda solo duró veinte días, ocurrió dentro del contexto de las tensiones globales creadas por la guerra fría. Tal como suele suceder en los conflictos regionales, las dos facciones involucradas tenían vínculos con otros países y potencias. Son estos vínculos los que contienen posibilidades para que se desencadene una guerra más grande, incluso a escala global, precisamente lo que sucedió en 1973.

Una petición de ayuda militar a la Unión Soviética realizada por el presidente egipcio Anwar el-Sadat, la respuesta soviética de movilizar tropas para ofrecerle esa ayuda y la decisión de Estados Unidos de hacer que sus fuerzas militares entraran en condición de defensa (DEF-CON) 3, un estado de alerta poco frecuente utilizado como preparación para una posible guerra, fueron los catalizadores para otra crisis que llevó al mundo al borde de una confrontación entre las dos superpotencias de la guerra fría. Afortunadamente, la sensatez prevaleció gracias a una serie de negociaciones en las que no participó el presidente norteamericano de aquella época. Los egipcios se retractaron de su petición de ayuda a la Unión Soviética, y el Consejo de Seguridad de las Naciones Unidas aprobó la resolución 339 el 23 de octubre, en la que instaba a los países en guerra a respetar un alto al fuego declarado anteriormente.

Lo importante aquí es que se daban las condiciones y el escenario estaba preparado para que un conflicto regional desembocara en una guerra mundial durante el año en que se repetía el ciclo que contenía esas condiciones. La calculadora del código del tiempo demuestra esto a la perfección, al indicar que 1973 fue justamente el año en que las condiciones de 1914 para una guerra mundial aparecieron como un ciclo repetitivo (ver el Apéndice B, ejemplo 5).

Ahora que sabemos cuándo surgen los ciclos, las fechas adicionales del resumen 2 nos dan la oportunidad de aplicar lo que hemos aprendido con el fin de evitar esas situaciones de peligro.

Solo se han utilizado dos armas atómicas en tiempos de guerra contra la población civil, y ambas fueron detonadas por Estados Unidos en 1945, al final de la Segunda Guerra Mundial.

El siguiente ejemplo muestra con claridad cómo las condiciones creadas por este evento sembraron las semillas de un ciclo que ha repetido estas condiciones a lo largo del tiempo. En cada año señalado, el escenario estaba preparado para que las armas atómicas amenazaran de nuevo al mundo. Afortunadamente, aunque las condiciones estuvieron presentes y se hizo mucho énfasis en el poder nuclear, los acontecimientos no alcanzaron la total expresión del potencial del ciclo. El año 2010 fue la siguiente oportunidad para que se manifiesten de nuevo las condiciones de 1945, así como la oportunidad de romper el ciclo y establecer un patrón diferente para la nueva era mundial.

Resumen 3 Condiciones cíclicas creadas en 1945 (uso de armas nucleares y fin de la Segunda Guerra Mundial)		
Año semilla	1945	
Evento semilla	Fin de la Segunda Guerra Mundial	
Fechas calculadas para la repetición de condiciones		**Eventos ocurridos**
Fecha 1	1985	Proliferación de armas nucleares entre países que no son superpotencias
Fecha 2	2001	Informes de inteligencia revelan que los terroristas tienen poder nuclear
Fecha 3	2007	Corea del Norte e Irán buscan activamente tecnología nuclear

Aunque nuestra capacidad para reconocer estos ciclos no los cambia necesariamente, ni evita que se repitan sus condiciones, nos ofrece una perspectiva poderosa acerca de cuándo mantenernos en alerta a causa de un ciclo que se repite, además de la oportunidad de reaccionar a condiciones similares de un modo responsable cuando aparezcan. Por ejemplo, si sabemos que los actos de agresión de una nación, como la invasión de los campos petrolíferos de Kuwait por parte de Irak, suceden durante un ciclo que contiene las condiciones de la Primera Guerra Mundial, sabremos también que la comunicación eficaz y la diplomacia sensible serán especialmente importantes durante este vulnerable período para evitar que el conflicto se salga de control y alcance el potencial de la semilla del ciclo.

Es precisamente en esos momentos cuando una respuesta destinada a enviar una señal clara de que «ya ha sido suficiente» puede malinterpretarse e intensificarse antes de que nos demos cuenta. Tal como mostraron los documentos revelados por la NSA en el 2005, el incidente del golfo de Tonkin, en Vietnam, es un perfecto ejemplo de la facilidad con que los temores de guerra pueden generar consecuencias lamentables.[7]

En 1964, en medio de las tensiones de la guerra fría, dos combates navales entre Estados Unidos y Vietnam del Norte desencadenaron el primer despliegue de tropas norteamericanas a gran escala en el sudeste asiático. Los incidentes ocurrieron con dos días de diferencia en las aguas del golfo de Tonkin. Sin embargo, los documentos que salieron a la luz muestran que solo uno de los eventos comunicados tuvo lugar realmente.

El primer incidente entre el destructor *Maddox,* de la fuerza naval norteamericana, y tres botes torpedo de Vietnam del Norte el 2 de agosto de ese año está verificado y bien documentado. El segundo, por el contrario, está lleno de incertidumbre y misterio. Lo que muestran los documentos revelados es que el «ataque» del que informaron los destructores norteamericanos nunca tuvo lugar. Aunque estos dispararon a lo que en aquel momento consideraron una amenaza, los informes muestran que realmente esta no existió. Las palabras exactas del informe dicen: «En realidad, la Marina de Hanói solo se ocupó esa noche de rescatar a dos de los botes averiados el 2 de agosto».[8]

Bajo la atmósfera de sospecha que se convirtió en el sello distintivo de la guerra fría y con la ansiedad de la tripulación tras el intercambio de artillería ocurrido únicamente dos noches atrás, algunos historiadores sugieren que los marines norteamericanos pudieron interpretar de manera errónea las señales de radar emitidas en la noche del 4 de agosto. Dispararon en señal de respuesta, tras creer que eran objeto de un segundo ataque por parte de los norvietnamitas. Aunque es probable que el misterio de aquella noche quede sin aclarar, el hecho es que la respuesta norteamericana, cuyo objetivo era demostrar su fortaleza y decisión a la hora de eliminar las tensiones existentes, realmente produjo el efecto contrario y fue un factor directo que condujo a la intensificación de una guerra que duraría hasta la siguiente década y que se cobraría la vida de casi 58.000 estadounidenses.

¡El colapso económico de Estados Unidos no es ningún secreto para los ciclos!

«Es oficial: el desplome de la economía estadounidense ha comenzado». Con estas palabras, el autor y asesor Richard C. Cook comenzaba un artículo publicado por el Centro de Investigación sobre la

Globalización.[9] Aunque estos titulares abundaron durante el derrumbe de los mercados financieros en el otoño del 2008, en la época en que apareció este, nada habría podido parecer más agorero e *improbable*. *Agorero* por lo que tal colapso supondría, e *improbable* porque, al menos superficialmente, la economía del país no parecía estar ni remotamente cerca de ningún tipo de colapso. La fecha de la publicación del artículo fue el 13 de junio del 2007, catorce meses antes de que ocurriera la crisis.

El artículo de Cook describe el trabajo de dos destacados economistas que fueron más allá de los signos exteriores de la aparente pujanza económica estadounidense para tratar de encontrar algo mucho más profundo. Steven Pearlstein, columnista de finanzas y economía en *The Washington Post* y ganador del Premio Pulitzer, y Robert Samuelson, editor colaborador en *Newsweek* y *The Washington Post* desde 1977, comprobaron la misma fractura en la economía, y de manera simultánea. Y lo que vieron fue realmente inquietante.

Les preocupó el creciente número de compañías que habían contraído deudas enormes comparadas con sus beneficios y la vulnerabilidad de esas compañías, al comprar acciones con capitales de riesgo que fueron financiadas con más dinero prestado (financiación ajena). Pearlstein señaló, con palabras que reflejaban claramente su preocupación:

> En términos generales, los precios de las acciones y el valor de las compañías caerán. Los bancos anunciarán dolorosas pérdidas incobrables, algunas entidades de fondos de protección libre cerrarán sus puertas y los fondos de capitales accionarios privados revelarían dividendos decepcionantes. Algunas compañías se verán obligadas a realizar una reestructuración o a declararse en bancarrota.[10]

El mensaje era claro, incluso para quienes no estaban familiarizados con la jerga técnica de los economistas y analistas de los mercados bursátiles. Se trataba de una advertencia, recibida por quienes tenían intereses en la economía estadounidense.

Lo que anunciaban esos y otros economistas era que el 2007 marcaba un año en que las condiciones encontraban el lugar idóneo para que la tormenta económica global desatara su furia. Y cuando eso sucediera, la economía estadounidense sufriría las consecuencias. Aunque predijeron el escenario con exactitud, no se sabe si Pearlstein y Samuelson sabían de qué manera la tormenta que describieron desencadenaría el colapso de toda la economía mundial.

Todos hemos escuchado decir que, a posteriori, lo que ha ocurrido se ve con claridad. En otras palabras, es fácil analizar todo aquello que ya ha tenido lugar, desde una crisis militar hasta la pérdida de un campeonato deportivo, o incluso el fin de un matrimonio en términos retrospectivos, y ver todo lo que hubiera podido evitar la crisis. La visión retrospectiva es fácil. Y es acertada por una razón obvia: ¡aquello que analizamos ya ha sucedido!

De todas formas, mientras observaba cómo los tipos de interés de la Bolsa de Nueva York caían cada vez más aquel 29 de septiembre del 2008, tuve la misma sensación y me planteé las mismas preguntas que me habían asaltado el 11 de septiembre del 2001: ¿esta crisis forma parte de un patrón más grande? *Si es así, ¿podríamos haberlo sabido con anticipación y haber actuado de un modo diferente para evitarla?*

A diferencia de los siete años que separaron la crisis del 11 de septiembre y el desarrollo de la calculadora del código del tiempo, no tuve que esperar mucho para hallar la respuesta. Había observado el colapso financiero desde varias ciudades y habitaciones de hotel a finales de septiembre del 2008, sin poder acceder a la calculadora del código del tiempo. Tan pronto regresé a casa, consulté los apéndices de este libro para descubrir qué papel habían desempeñado los ciclos económicos en el caos financiero mundial.

Utilizando el mismo procedimiento que describí anteriormente en este capítulo, seguí los pasos del modo 1 de la calculadora (ver el Apéndice A) para descubrir cuándo habría mayores probabilidades de que las condiciones de un acontecimiento pasado se manifestaran de nuevo, y comencé por identificar la fecha en que podrían haberse sembrado las semillas del colapso económico del 2008. Tanto los expertos de Wall Street como los comentaristas de los medios de comunicación comparaban dos situaciones de forma casi unánime.

Antes de que el mercado bursátil perdiera 777 puntos en la mayor caída de la historia de la Bolsa de Nueva York, el récord anterior lo poseía otro desplome que ocurrió setenta y nueve años antes en el mismo mercado. El naciente mercado bursátil estadounidense perdió el 23% de su valor previo durante el transcurso de dos días del otoño de 1929 el «jueves negro» del 24 de octubre, al cual le siguió el «martes negro» del 29. El pánico y la subsiguiente avalancha de ventas condujeron a un declive del sistema financiero que continuó hasta tocar fondo, casi tres años después, cuando el promedio industrial Dow Jones cerró con unos resultados que parecen impensables para los parámetros actuales. De manera increíble, el 8 de julio de 1932, la Bolsa de Nueva York perdió el 89% de su valor anterior y cerró con una lectura de tan solo 41,22 puntos. Está claro que las condiciones de 1929 son totalmente comparables a las que provocaron el desplome del 2008. Salvo por la magnitud de la pérdida, las condiciones externas parecían inquietantemente similares a primera vista.

Después de introducir 1929 como el año semilla para los cálculos del código del tiempo, el proceso reveló rápidamente la próxima fecha en que podríamos esperar la repetición de las condiciones para un colapso económico: 1979. Tal como hicimos con los ejemplos anteriores, 1979 se convirtió en la nueva fecha semilla para la siguiente ronda de cálculos, creando una segunda posibilidad de que se repitiera el caos económico: 1999. Estos cálculos se realizaron dos veces más para encontrar otros años antes del 2012 en los que era probable que se repitieran los ciclos del colapso económico en Estados Unidos y el resto del mundo. El resumen 4 muestra los resultados de los cálculos que aparecen en el Apéndice A (comenzando con el ejemplo 10).

Resumen 4 Condiciones cíclicas creadas en 1929 (desplome de la economía estadounidense)		
Año semilla	1929	
Evento semilla	Desplome del mercado de valores en octubre de 1929	
Fechas calculadas para la repetición de condiciones		Eventos ocurridos
Fecha 1	1979	Aumento vertiginoso de los precios del petróleo y contracción económica

Fecha 2	1999	Aumento vertiginoso de los precios del petróleo y una caída del 6% de la Bolsa de Nueva York en octubre
Fecha 3	2007	Relación insostenible de deudas/beneficios apuntan a un colapso de los mercados en el 2008

Inicialmente, estas fechas tuvieron poco sentido, pues el desplome del mercado bursátil tuvo lugar en el 2008. ¿Por qué, por ejemplo, la calculadora señaló 2007 y no 2008? Investigué y leí de nuevo lo escrito por Pearlstein y Samuelson, a fin de entender mejor lo que realmente mostraban los ciclos. En dos frases, encontré el vínculo entre los resultados de la calculadora y la realidad del colapso del mercado de valores en septiembre. «*Es imposible predecir cuándo alcanzaremos el momento mágico* en que todos comprendan realmente que los precios pagados por estas compañías, y las deudas asumidas para respaldar las adquisiciones, son insostenibles [la cursiva es mía]», señaló Pearlstein. Su frase siguiente dejaba pocas dudas sobre las consecuencias de este hallazgo, y también lo decía todo: «Cuando suceda, no será nada agradable». Desde el punto de vista de la economía, aquel momento mágico llegó el 29 de septiembre de 2008.

Con esta observación, mis preguntas habían hallado respuesta. La calculadora mostraba que las *condiciones* para el caos económico vaticinado por el artículo se habían dado precisamente en el 2007. Sin embargo, tal como señaló Pearlstein, el factor desconocido era *cuándo* reconocerían los inversionistas esas condiciones y reaccionarían a lo que habían descubierto. Lo más importante aquí es que los expertos del sector vieron lo que estaba ocurriendo, como, por ejemplo, el gran aumento de los precios del petróleo que parece anteceder a semejantes caos, y comprendieron que el desplome era inevitable. Anunciaron lo que sabían cuando las condiciones se manifestaron en el 2007. Pero ¿qué sucede con las otras dos fechas, 1979 y 1999? Obviamente, no ocurrió ningún desplome financiero comparable a los de 1929 y 2008. ¿Qué nos estaba diciendo, pues, la calculadora?

Investigué las dos fechas y vi que habíamos tenido mucha suerte en ambas ocasiones. Del mismo modo que el fuerte aumento de los precios del petróleo había producido un efecto dominó que subrayaba la debilidad de la economía en el 2008, algo muy similar había sucedido en 1979 y 1999. Durante estos dos años, se avecinó otra tormenta económica debido a la convergencia de condiciones inesperadas. En ambos casos, el riesgo de una crisis económica global fue una posibilidad muy real. Afortunadamente, solo se manifestaron las condiciones. Por razones que explicaré a continuación, nunca se materializó esa tormenta.

Un ejemplo perfecto de una crisis conjurada es 1979. A comienzos del año, los indicadores utilizados por los expertos para evaluar la salud de la economía (aspectos como la demanda de los consumidores, los altos índices de ventas y los escasos excedentes) parecían prometedores. Existían muchas razones para creer que sería un buen año para las finanzas del país. Pero había un factor que no tuvieron en cuenta ni siquiera los expertos, y fue el que inició el declive en la economía del 2008: el precio del petróleo. A causa de los incrementos en dos momentos críticos del año, al comienzo y luego al final, el precio del crudo aumentó casi un 100%. Cuando lo hizo, las secuelas de la reducción de gastos repercutieron en toda la economía estadounidense. Condiciones similares condujeron a la pérdida de 630 puntos en la Bolsa de Valores de Nueva York en octubre de 1999 y pusieron en marcha las condiciones para la desaceleración económica del 2000.

Aunque probablemente existan varias razones que explican por qué la economía no se colapsó por completo durante 1979, un análisis realizado por el Departamento de Investigaciones Económicas del Banco de la Reserva Federal de Mineápolis podría explicar una de las más significativas. Según el informe, el aumento de los precios del petróleo en 1979 hizo que el presupuesto federal se redujera de manera automática en señal de respuesta.[11] Al hacerlo, se aplicaron bandas impositivas más altas a los ingresos individuales, lo que obligó a una disminución en los hábitos de consumo de algunos ciudadanos. En otras palabras, el aumento de los impuestos redujo la cantidad de dinero disponible y los gastos disminuyeron, lo que terminó por ralentizar el crecimiento de la economía.

Lamentablemente, y por razones que están más allá de los objetivos de este capítulo, ese sistema no funcionó tal como se esperaba cuando los precios del petróleo se dispararon hasta alcanzar un máximo histórico durante el verano del 2008. La clave radica en que estas oscilaciones extremas del mercado parecen estar ligadas a un ciclo que puede conocerse y predecirse.

La calculadora del código del tiempo indica que podríamos enfrentarnos a condiciones económicas similares y a la posibilidad de otra crisis financiera mundial antes de que termine el ciclo actual en el 2012. Es interesante anotar que el año señalado es el mismo en que podrían reaparecer otras fechas semilla: el año 2010. Por diferentes y disparatadas que puedan parecer las fechas semilla, desde el ciclo de «sorpresa» y «ataque» que surgió en 1941 –y que se manifestó de nuevo en el 2001, el uso de armas atómicas en 1945 y el desplome de la economía de Estados Unidos en 1929–, la ocasión para la próxima manifestación de cada una de estas condiciones se presenta el mismo año.

Aunque tal vez no sea un asunto baladí que tantos ciclos converjan en un lapso tan corto de tiempo, es importante recordar que el fin de cualquier ciclo también marca el comienzo del siguiente. Tal como veremos en el capítulo 7, esta es la buena noticia, en el sentido de que la convergencia de tantos ciclos probablemente capte nuestra atención. Al final de un ciclo y el comienzo del próximo, la naturaleza nos ofrece la mayor oportunidad de cambio; y es precisamente debido a que tantos ciclos diferentes –de una magnitud tan grande y que representan tantos tipos diferentes de experiencias– están terminando en el mismo período de tiempo, por lo que el año 2010 representó una de las mejores coyunturas para la toma de nuevas decisiones. A medida que terminan los viejos ciclos y comienzan los nuevos, compartimos la rara oportunidad de redefinir el curso de nuestros caminos personales y globales para el futuro.

Y como sucede con cualquier época de cambios, el poder de la oportunidad comienza cuando aceptamos que las transformaciones son posibles.

Las semillas del amor y la traición

Los ciclos de la naturaleza inciden tanto en nuestra vida personal como en los eventos globales. Aunque es probable que, intuitivamente, tengamos conocimiento de esta relación, a menudo se nos manifiesta de formas y en momentos poco oportunos, o cuando menos lo esperamos. Por ejemplo, todos hemos escuchado hablar de personas que dejan sus relaciones, empleos y amigos para mudarse a otra ciudad y «comenzar de cero». Tal vez sepas qué suele sucederles a quienes hacen eso.

Aunque un cambio de lugar algunas veces puede ser la solución ideal, no es infrecuente observar que, aunque los individuos, el clima y el paisaje cambian, las circunstancias que creíamos haber dejado atrás nos siguen acompañando. ¿Por qué? Los ciclos de nuestro mundo y de nuestras vidas están hechos de tiempo y espacio, algo que trasciende a la materia de la que está constituido un edificio o una ciudad. Si pensamos en la existencia en estos términos, no debería sorprendernos que los ciclos, cuyo papel en el mundo es tan importante, también cumplan un papel igualmente relevante en nuestra vida personal. Una vez más, la clave para descubrir dichos patrones reside en reconocer cuándo comienzan.

El ambiente de mi hogar era diferente aquella mañana. Aunque era sábado, día que mi padre utilizaba normalmente para recuperar las horas de sueño que no se podía permitir debido a sus largas jornadas laborales durante la semana, él y mi madre estaban despiertos. No parecía ser un típico fin de semana. Mi madre no cantaba mientras realizaba sus interminables labores domésticas. El televisor, que normalmente difundía las noticias de la semana, estaba apagado, y la radio del dormitorio de mis padres no transmitía canciones ni música. Mis padres estaban despiertos, pero la casa permanecía absolutamente silenciosa, salvo cuando caminaban por el suelo de madera.

Salí de mi habitación, caminé de puntillas por el pasillo y observé el dormitorio de mis padres. Mi padre estaba allí, con una pequeña maleta abierta sobre la cama, poniendo en ella sus camisas del trabajo limpias y almidonadas . «Buenos días, hijo –me dijo al verme por el rabillo del ojo–. Ven un momento. Quiero hablar contigo». La situación en casa era tensa desde hacía un tiempo. Sabía que mis padres atravesaban un momento difícil, y lo primero que pensé fue que, finalmente, me darían una explicación. Así fue, pero no era la que esperaba. «Me iré durante un tiempo –dijo mi padre–, y no sé cuándo regresaré». Eso fue todo. Lo vi cerrar la maleta y lo seguí por el pasillo hasta llegar a la cocina, donde estaba mi madre. Aún tenía los ojos enrojecidos por la conversación que habían tenido la noche anterior. Ella y yo vimos salir a mi padre aquel día. Aunque en aquel momento no lo sabía, había presenciado el fin del matrimonio de mis padres. Tenía once años.

Solo varios años después, comencé a entender lo mucho que me afectó aquel momento. Mientras trataba de aceptar el significado de ese suceso, comprendí que no solo había perdido a mi padre, sino también a mi familia, al menos tal como la había conocido durante los primeros once años de mi vida.

Inicialmente, creí que todo en mi vida seguiría de un modo normal, excepto en aquellas actividades que otros niños de mi edad podían disfrutar al lado de sus padres y yo no. Desde aquellas noches de padre/profesor en la escuela y los fines de semana de padre/hijo con los Boy Scouts hasta mi primer discurso público en la congregación de nuestra iglesia y mis premios de natación, empecé a comprender que algo estaba ausente en mi vida, y que lo había perdido aquella mañana de sábado.

He narrado esta historia porque ilustra cómo una experiencia que deja una fuerte huella emocional puede transformarse en una base para que las condiciones de esa experiencia se repitan posteriormente. Del mismo modo que el suceso semilla que dio lugar al patrón de sorpresa y ataque en el territorio estadounidense se estableció en 1941, el significado que le damos a una experiencia traumática puede desencadenar un patrón cíclico que nos acompañará durante toda la vida.

Si la experiencia es positiva, llena de amor y de emociones que reafirman la vida, seguramente no suponga un problema, pues no sería necesario solucionar nada. Sin embargo, pocas veces nos quejamos de estar «atrapados» en misteriosos patrones de alegría, sanación y paz en nuestras vidas. Y cuando se da el caso, probablemente no sea algo que queramos cambiar.

Son los patrones negativos que, inevitablemente, surgirán a partir de situaciones de la vida cotidiana –por ejemplo, momentos de pérdida, dolor y traición– los que pueden llegar a ser semillas inconscientes de un patrón que aparecerá una y otra vez. Afortunadamente, así como los ciclos repetitivos también son oportunidades para cambiar patrones de guerra y agresiones a escala mundial, si conocemos nuestros ciclos individuales y la forma en que funcionan, podrán convertirse en poderosos aliados para sanar algunos de los mayores sufrimientos de nuestra vida.

Calculando los ciclos personales

La calculadora del código del tiempo puede ayudarnos a encontrar estos ciclos. Para ella, un ciclo es un ciclo, ya sea personal o global. La clave está en reconocer que la vida sigue los ritmos de la naturaleza, y que nuestros factores emocionales son parte de la vida.

Código del tiempo 14: la calculadora del código del tiempo puede señalar ciclos personales de amor y dolor, así como ciclos globales de guerra y paz.

El modo 3 de la calculadora del código del tiempo nos permite calcular los momentos en que pueden repetirse las condiciones de cualquier experiencia emocional que haya dejado huella en nuestro corazón. Es sorprendente ver el impacto tan profundo que pueden tener ciertas experiencias del pasado –y que van desde nuestros más grandes amores hasta nuestros dolores más profundos– en otras relaciones una vez que la semilla ha sido sembrada.

Si podemos identificar una de las dos claves, también podremos sacar a la luz esos patrones y ser conscientes de los momentos en que puedan repetirse en nuestras relaciones íntimas, superficiales y de negocios. Comencemos entonces con el ejemplo que dio inicio a esta sección: mi sensación de pérdida familiar.

Aunque mi madre, mi hermano menor y yo todavía nos sentimos unidos y nos consideramos una familia, lo cierto es que, en aquel momento, sentí que había perdido a la mía. También experimenté una sensación de traición. Y así como la «sorpresa» y el «ataque» describen con claridad lo que sucedió el 11 de septiembre del 2001, la pérdida y la traición describen mi experiencia personal y se convirtieron en la semilla de un patrón que se repetiría hasta que yo reconociera su presencia.

Utilizo mi experiencia de pérdida y traición para ilustrar este punto en el siguiente ejemplo. He decidido incluirlos aquí, y no en un apéndice separado, pues los cálculos son breves.

Modo 3: identificar las ocasiones en que podemos esperar que una experiencia personal del pasado suceda de nuevo. Para responder esta pregunta, solo necesitamos un dato.

Dato: la edad que teníamos cuando ocurrió un evento trascendental (la semilla).

Cálculo del código del tiempo

Paso 1: identifica tu edad en el momento del evento semilla: edad momento semilla (EMS_1).

Paso 2: calcula el intervalo de la ratio phi de tu edad durante el evento semilla (I_{phi}).

Paso 3: súmale el intervalo de la ratio phi a tu edad durante el evento semilla para determinar tu edad cuando las condiciones se repitan ($EMS_1 + I_{phi}$).

En mi caso, sería así:

Paso 1: mi edad en el momento del evento semilla (EMS_1): 11.

Paso 2: calcular el I_{phi} del EMS_1: $0{,}618 \times 11 = 6{,}798$ (I_{phi}).

Paso 3: sumar el I_{phi} al EMS_1 para identificar la próxima repetición: $6{,}798 + 11 = 17{,}798$.

Con este cálculo simple, se hace evidente que es a la edad de 17,798 cuando podrían repetirse las condiciones de traición y pérdida que experimenté a los once años. Tal como ilustran los ejemplos sobre los períodos de guerra y paz de la sección anterior, aunque las condiciones podrían conducir a la repetición de la experiencia semilla, la presencia de las condiciones no significa necesariamente que vaya a repetirse. Sin embargo, en mi caso sí ocurrió.

En esa época perdí dos relaciones en mi vida, y por la misma razón. Una era de amistad y la otra sentimental; ambas encerraban lo que percibí como una traición a la confianza y a las promesas (si hubiera sabido por aquel entonces lo que sé ahora sobre los ciclos, tal vez no me habría preguntado durante varios años por qué sucedió).

Al utilizar estos cálculos en nuestras vidas, debemos saber que pocas veces son absolutos y raramente las situaciones anteriores se repiten con exactitud. Lo que buscamos son patrones generales que puedan mantenernos en alerta en los negocios o en el amor. La siguiente es una lista parcial de cómo los ciclos de pérdida y traición continuaron durante varios años en mis relaciones personales y de negocios, hasta que los reconocí y sustituí por un nuevo patrón de discernimiento y clara comunicación.

Resumen 5 Ciclos personales - condiciones cíclicas creadas por la pérdida de la familia		
Edad semilla	11	
Evento semilla	Pérdida y traición	
Edades calculadas para la repetición de condiciones		**Eventos ocurridos**
Edad 1	17,798	Traición personal y pérdida de relaciones importantes
Edad 2	24,596	Traición académica y pérdida de relaciones importantes
Edad 3	38,192	Traición financiera y en los negocios, y pérdida de amistad

Edad 4	44,929	Traición en los negocios seguida por recuperación de la amistad (el patrón semilla fue reemplazado por otro nuevo)

Los ciclos identificados por la calculadora del código del tiempo funcionan tanto para las experiencias positivas de éxito y logros como para las lecciones dolorosas. Al igual que las primeras experiencias de traumas emocionales crean el patrón de ciclos repetitivos, las gratificantes sensaciones que proporcionan los logros y los éxitos son las condiciones creadas como eventos semilla después de manifestarse por primera vez en la vida.

Con toda probabilidad, los primeros ejemplos de experiencias gratificantes pueden haberse borrado de nuestra memoria cuando alcanzamos la edad adulta, así que serán nuestros primeros recuerdos de éxitos, posteriores a la experiencia original, los que servirán como el evento semilla para esos cálculos. Regresemos de nuevo al Modo 3 de la calculadora d el código del tiempo, a fin de identificar patrones relacionados con la experiencia de éxito y logros.

Modo 3: identificar las ocasiones en que podemos esperar que sucedan de nuevo las condiciones de éxito y logros del pasado. Para responder esta pregunta, solo necesitamos un dato.

Dato: la edad que teníamos cuando ocurrió un evento trascendental (la semilla).

Desde que estaba en secundaria, supe que quería estudiar ciencias de la Tierra y del espacio. También sabía que sería la primera persona de mi familia en obtener un título universitario, que debería pagar mis estudios, y que tenía que ganar y ahorrar tanto dinero como fuera posible, y hacerlo con rapidez. Encontré un empleo bien pagado en una fábrica de cobre, trabajé a tiempo completo en el turno de noche y pude hacer realidad mi sueño de estudiar en la universidad.

Más tarde, tuve el turno que iba de las cuatro de la tarde a las doce de la noche. Dos años después, había ahorrado dinero suficiente para estudiar en el Florida Institute of Technology, en Melbourne, Florida. La alegría y la sensación de logro que sentí aquel día en que fui contratado fue la semilla de un patrón que se ha repetido con precisión durante mi vida adulta.

El siguiente es el cálculo basado en la semilla de mi experiencia de vida exitosa:

Paso 1: mi edad en el momento del evento semilla (EMS_1): 16.
Paso 2: calcular el I_{phi} del EMS_1: 0,618 x 16 = 9,88 (I_{phi}).
Paso 3: sumar el I_{phi} al EMS_1 para identificar la próxima repetición: 9,88 + 16 = 25,88.

La edad de 25,88 es cuando podía esperar que las condiciones de logro que sentí cuando tenía dieciséis años se repitieran. La siguiente es una lista parcial de cómo los ciclos de logro y éxito continuaron durante varios años en mis relaciones personales y de negocios. Es interesante señalar que algunas de ellas se superponen a las de los ciclos anteriores de pérdida y traición que he mencionado. Eso es precisamente lo que hacen los ciclos: repetirse una y otra vez como experiencias integradas dentro de otras experiencias.

Resumen 6 **Ciclos personales - condiciones cíclicas creadas por el éxito y los logros**		
Edad semilla:	16	
Evento semilla	Éxitos y logro laboral	
Fechas calculadas para la repetición de condiciones		**Eventos ocurridos**
Edad 1	25,88	Primer empleo corporativo gracias a mis estudios universitarios
Edad 2	35,768	Premio recibido por liderar proyecto de *software* sobre la guerra fría
Edad 3	45,648	Primer contrato editorial

Al considerar los ciclos de nuestras vidas, es importante recordar que no hay nada absoluto. Puesto que estamos abordando procesos que siguen los ritmos de los ciclos naturales, las decisiones que tomemos en un momento dado de nuestras vidas pueden cambiar para siempre el curso de un ciclo en particular. Y cuando esto sucede, iniciamos los patrones de un nuevo ciclo.

La clave para explorar los ciclos personales está en reconocer primero lo que sucede y, después, la frecuencia con que se repite. Al hacer esto, podemos prepararnos para enfrentar las condiciones que nos ofrece el ciclo, al mismo tiempo que tomamos decisiones que se convierten en nuevos patrones del futuro.

En este contexto, podemos ver el valor de utilizar la calculadora del código del tiempo para el 2012. Así como podemos explorar nuestras historias personales para encontrar las semillas de lo que es posible esperar en el futuro, también podemos utilizar nuestro conocimiento de los patrones fractales y de los ciclos de la naturaleza para identificar las fechas claves que nos dirán qué parte del pasado debemos mirar para reconocer las condiciones que esperamos en el año 2012... Y más adelante.

Capítulo 6

Reconsideración del fin del tiempo: ¿qué podemos esperar?

El futuro ya ha sucedido, solo que no está muy bien distribuido.
WILLIAM GIBSON, escritor contemporáneo de ciencia-ficción

¿Lo cambiarías?
Mensaje codificado acerca de las profecías de destrucción descubiertas en la antigua Torá

«Terremoto de 7,8 grados sacude China»; «Baton Rouge sufre las secuelas del huracán *Gustavo*»; «El sur de California es declarado zona catastrófica». Estos titulares, anteriormente poco frecuentes, se han vuelto demasiado comunes. Aunque aún nos sorprende el poder que tiene la madre naturaleza para destruir en un solo día lo que hemos tardado varios siglos en construir, es probable que ahora nos sorprenda menos porque vemos que sucede con mucha frecuencia. En los primeros años del siglo XXI, tornados, huracanes, fuertes tormentas, inundaciones, terremotos y sequías han arrasado vidas humanas, viviendas y una parte considerable de la infraestructura mundial.

Solo el terremoto en la provincia de Sichuan, en China, mató a más de 69.000 personas y produjo daños calculados en 20.000 millones de dólares. El ciclón *Nargis*, que azotó a Myanmar, acabó con la vida de al menos a 84.000 personas y el coste de los daños que provocó se elevan a más de 10.000 millones de dólares. En Estados Unidos, el huracán *Katrina* devastó la ciudad de Nueva Orleans, dejando más de 1.000 víctimas y más de 81.000 millones de dólares en pérdidas materiales.

Es casi indudable que las condiciones actuales de vida en el planeta Tierra han cambiado. Resulta evidente que algo está sucediendo, y que se trata de algo grande. Pero ¿qué es y qué dimensiones tiene? Creo que Peggy Noonan, periodista de *The Wall Street Journal,* resume con acierto la particularidad de nuestra época: «Estamos viviendo días anunciados; días realmente históricos». Y al aclarar lo que quiere decir con «realmente históricos», señala: «Vivimos una época que los expertos analizarán y estudiarán dentro de cincuenta años. Nos verán a nosotros, a ti y a mí, como veteranos que sobrevivieron a algo realmente inmenso».

Desde los Vedas, que existieron hace ocho mil años, y el antiguo calendario maya, hasta las profecías indígenas de Asia y Sudamérica, los cronometradores del mundo parecen coincidir con Noonan. Ellos pronosticaron, esperaron, aceptaron y temieron los eventos de nuestra época. Por terribles que puedan parecer algunas de estas historias y profecías, es importante señalar que *no hay nada en ninguna de ellas que afirme de manera incondicional que el mundo terminará o que nos haga temer que no sobreviviremos a lo que sucederá.* Lo que realmente nos dicen es que el ciclo del mundo tal como lo conocemos termina, y que otro ciclo comenzará. Y tal como hemos visto en los capítulos anteriores, esto sucederá durante nuestra época.

****

«¡Allí está!», escuché exclamar a alguien mientras tomábamos la curva que marcaba la cima del paso montañoso. Me aferré a la barra y saqué la cabeza por la ventana polvorienta para mirar hacia el lado derecho. Mientras observaba el terreno árido y rocoso que llenaba todo mi campo de visión, vi que el paisaje cambiaba súbitamente. Los acantilados oscuros dieron paso al hielo blanco y azulado de un glaciar que parecía suspendido de los riscos puntiagudos que se elevaban en las alturas. «¡Qué hermoso! –susurré–. ¡Es absolutamente hermoso!».

El vapor de mi respiración quedó suspendido en el frío aire matinal que invadía aquel vetusto autobús. Viajábamos de China al Tíbet para conocer ese lugar. Aunque el vehículo era muy viejo, sabíamos que era más sólido y seguro que los nuevos modelos, que no podían avanzar por los caminos llenos de fango que conducían al glaciar. «Haremos una parada para descansar», escuché decir al intérprete mientras el autobús se detenía a un lado de la carretera.

Revelación a 5.200 metros de altura

Acabábamos de cruzar un paso que estaba a 5,200 metros de altura sobre el nivel del mar, el punto más alto de aquella jornada en nuestro viaje desde el Tíbet hacia la frontera con Nepal. El aire era frío, ligero y sublime. Tras bajar el último peldaño del autobús y pisar las suaves rocas que demarcaban el extremo del valle, fui recibido de un modo que nunca habría esperado.

Se abrió la tela de una carpa de aspecto primitivo, elaborada con piel gruesa y oscura de yak, y una hermosa mujer tibetana salió de allí; parecía más que sorprendida de vernos. Mientras avanzaba en mi dirección, observé que vestía una falda y una túnica de vivos colores que contrastaban fuertemente con los tonos oscuros de la montaña.

Sin quitarme los ojos de encima, le preguntó algo a nuestro intérprete, que estaba cerca. Este la miraba mientras me traducía sus palabras. «Me ha preguntado quiénes somos y por qué estamos aquí», me dijo.

«Por favor, dile que hemos recorrido medio mundo para visitarla», le pedí, esperando que un poco de humor le devolviera la tranquilidad. Cuando el intérprete tradujo lo que había dicho, la expresión preocupada de la mujer dio paso a una amplia sonrisa. El intérprete continuó: «Dice que no suele recibir muchas visitas, y que somos bienvenidos».

Todos nos reímos. Nuestro grupo de veintidós personas era demasiado grande para caber en una sola carpa, así que nos dividimos, y nos resguardamos debajo de varias carpas para tomar un té caliente con mantequilla de yak. El intérprete y yo seguimos a la mujer. De repente, ella se detuvo súbitamente, se giró hacia mí y, en mitad de aquel campo abierto, comenzó a hablar con tanta rapidez que temí que el intérprete no lograra mantener el ritmo de la conversación. Sin embargo, no fue así, y me resistí a creer lo que escuché.

«¿Sabes lo especial que es esta época en la historia del mundo? –comenzó a decir–. ¿Sabes que casi todo está a punto de cambiar?». Durante casi diez minutos escuché a la mujer compartir una tradición que su pueblo considera sagrada desde hace varios siglos: la preparación para el cambio global y el hecho de estar haciéndolo en ese momento. Salvo por ciertos detalles específicos, como los nombres locales de las constelaciones, de las eras mundiales y demás, describía en su lengua el mismo cambio del que hablan otras tradiciones indígenas del planeta.

Describió los cambios climáticos extremos que se habían producido recientemente en su valle, señalando al glaciar que durante tantas generaciones había custodiado las tierras de su familia y les suministraba agua del hielo derretido. La masa de hielo estaba disminuyendo, pues los últimos veranos habían sido más calientes. Se había reducido casi a una tercera parte, y, de seguir así, desaparecería por completo en unos cuantos años.

Sus ojos se llenaron de lágrimas mientras nos contaba la cantidad de personas de tribus vecinas, e incluso algunos familiares suyos, que habían muerto recientemente. Parecía como si una nueva enfermedad hubiera arrasado las aldeas locales y los campos, arrebatándoles la vida a los más débiles, especialmente a niños y ancianos. No supe con precisión de qué enfermedad hablaba, pero por la forma en que describió lo sucedido, era evidente que se trataba de algo que se transmitía de una persona a otra y, aparentemente, tan nuevo que sus organismos no podían combatirlo.

Luego comenzó a decir que toda la humanidad estaba tomando una decisión que determinaría el destino de nuestra época histórica. Aunque había escuchado versiones similares de boca de algunos habitantes andinos de Perú y Bolivia, lo que escuché de aquella mujer fue lo último que podía imaginar, después de viajar dieciocho días por uno de los lugares más remotos y prístinos que quedan en el mundo, en un paso montañoso a casi cinco mil metros de altura sobre el nivel del mar. Salvo por algunos detalles, las palabras que escuchaba podrían haber provenido fácilmente de un programa de Nueva Era sobre las profecías de una «limpieza» planetaria.

«Qué impactante –pensé–. La particularidad de nuestra época histórica es un conocimiento tan común que incluso esta mujer nómada, que vive aislada del resto del mundo en una de las regiones más altas del planeta, está al tanto de ella. Su cultura la ha preservado, y sus tradiciones hacen que eso sea posible. Es como un gran secreto que conocen todos los habitantes del planeta, salvo nosotros, los habitantes del mundo "moderno"».

Los signos del tiempo

En algunas tradiciones, como las del pueblo tibetano, las personas parecen presentir que esta es la época de cambio descrita por sus antepasados. En su existencia rural y, con frecuencia, aislada, donde tienen poco o ningún contacto con la tecnología, lo que mejor conocen es su entorno: la tierra, los elementos y la naturaleza. Y esto es precisamente lo que ven que está cambiando.

Desde hace varios siglos, sus antepasados les han transmitido que, cuando ya no puedan recoger las cosechas a su debido tiempo, los ríos produzcan inundaciones, y la tierra y el hielo de las montañas comiencen a desaparecer, se iniciará una época de grandes cambios. Con la ayuda de las lecciones de sus ancestros y de las señales de la naturaleza, sabrán cuándo prepararse para el final de un gran ciclo y el comienzo del siguiente.

Interpretar las señales de la naturaleza como indicios de cambios mundiales es algo que va más allá del conocimiento de los pueblos indígenas de la actualidad. El libro «perdido» del profeta Enoch es un ejemplo perfecto de esto. Por varias razones, Enoch es uno de los profetas más respetados y misteriosos del Antiguo Testamento, y la afirmación de que nunca murió no es realmente la menos importante. Enoch abandonó la tierra a los 365 años de edad, y, tal como relata un pasaje de la Biblia, «caminó al lado de Dios».

Su sabiduría y su mensaje fueron ampliamente reverenciados por los primeros cristianos, antes de que el libro que contenía sus visiones fuera eliminado de los textos bíblicos. Varios expertos sostienen que su sabiduría se consideraba divina, y el Libro de Enoch se contemplaba como una escritura sagrada. Por ejemplo, el historiador romano

Tertuliano señaló que las palabras de Enoch fueron «dichas en el mismo tono del Señor, y que todo tono edificante tiene una inspiración divina».[1]

Antes de caminar al lado de Dios, Enoch reveló sus visiones sobre una gran transformación en el futuro de la Tierra, que los ángeles le habían mostrado tras una petición suya. Durante el cambio catastrófico que, según dice, ocurre «en aquellos días» en que el planeta se inclina sobre su eje, señala: «La lluvia será contenida, el cielo permanecerá inmóvil... los frutos de la tierra serán tardíos y no florecerán en su estación; y las temporadas de los frutos de los árboles no vendrán. La luna cambiará sus leyes y no se verá en su período habitual.[2]

Utilizando las tablas astronómicas del Libro de Enoch, los historiadores han determinado que sus profecías van desde hace cinco mil años hasta el presente, y que continúan alrededor de mil años después del siglo XX. Existe una coincidencia obvia entre la descripción del mundo cambiante realizada por Enoch y la versión hopi de los cambios durante el fin del cuarto mundo. La profecía hopi señala en términos muy claros: «Cuando los terremotos, las inundaciones, las tormentas, la sequía y el hambre sean algo cotidiano, llegará el tiempo de regresar al verdadero sendero...».[3]

Aunque muchas de esas descripciones parecen aplicarse a nuestro mundo actual, las profecías de Enoch están abiertas a muchas interpretaciones, pues no contienen fechas ni eventos específicos. Su frase «en aquellos días» puede aplicarse a muchos momentos de los cinco milenios que han transcurrido entre su época y la nuestra. Como no podemos relacionarla con algo concreto, nos encontramos de nuevo ante la pregunta que dio comienzo a este libro: ¿qué podemos esperar, de manera realista, de nuestro mundo a medida que nos acercamos al momento que ha sido calculado, pronosticado, temido *y aceptado durante más de cinco mil años?*

Las respuestas han sido tan variadas como los encuestados. Dado que disponemos de pocos hechos sobre los cuales basar nuestras teorías sobre el 2012, gran parte de la opinión popular se limita precisamente a eso: opiniones y teorías con escasa información concreta. Pero todo esto ha cambiado.

Gracias a nuestro conocimiento de los ciclos de la naturaleza, del tiempo fractal y de la calculadora del código del tiempo, podemos examinar el pasado para saber qué puede depararnos el futuro. En términos concretos, podemos analizar los años en busca de ciclos que ya han tenido lugar, y ver así qué *condiciones* traerán consigo cuando se repitan. Como vimos en el capítulo 5, si sabemos dónde mirar en el pasado, podremos predecir qué patrones esperar en el futuro.

El patrón del código del tiempo

Tras ser testigo de la precisión con que la calculadora del código del tiempo relacionó las fechas que condujeron al 11 de septiembre del 2001, comencé a aplicar los mismos principios para explorar eventos históricos del pasado. Aunque no me sorprendió la exactitud de la calculadora, me asombraron los patrones. La relación innegable que se da entre los ciclos del tiempo y los eventos de nuestro pasado merece ser objeto de un estudio más profundo. Sin embargo, a partir de los resultados revelados hasta la fecha, tres principios resultan evidentes:

1. Las *condiciones* de la naturaleza, incluyendo los eventos humanos, se repiten en ciclos.
2. Las *condiciones* de un ciclo se repiten a menudo con mayor magnitud en uno posterior.
3. Puede predecirse la repetición de las *condiciones,* no los eventos en sí.

Más allá de cualquier duda, hay algo muy claro: desde las experiencias de matrimonio, divorcio, éxito y pérdidas hasta los ciclos de guerra y paz, el mismo patrón puede aparecer una y otra vez en la vida, y cuando lo hace, no es raro que se manifieste de un modo más fuerte que antes y que realmente llame nuestra atención. Vimos un ejemplo de esto en la Introducción de este libro con los patrones de sorpresa y ataque a Estados Unidos acaecidos en 1941. La crisis que precipitó al país a la Segunda Guerra Mundial se convirtió en el evento semilla de las dos ocasiones siguientes en que se repitieron las condiciones, es decir, las expresiones fractales de ese evento: los planes para un ataque nuclear por sorpresa durante la guerra fría en 1984 y la realidad de un ataque terrorista sorpresa en el 2001.

Aunque se trataba del mismo patrón, si el ataque de 1984 se hubiera materializado, sería justo decir que la magnitud de su expresión –un ataque nuclear contra Estados Unidos– habría sido mayor que el evento semilla original. Los hechos de los ataques del 11 de septiembre siguieron este patrón, así como la forma y lugar donde fueron perpetrados. La clave reside en que los patrones identificados de un momento anterior de la historia tienden a repetirse con mayor intensidad en épocas posteriores.

Código del tiempo 15: los patrones identificados de un momento pasado tienden a repetirse con mayor intensidad en épocas posteriores.

Para saber qué condiciones puede depararnos el 2012, fecha final del calendario maya, es importante tener en cuenta que ese año marca el término no solo de uno, sino de *dos* ciclos de tiempo secuenciales. El gran ciclo de 5.125 años, o era mundial que termina, es parte del ciclo precesional de 26.000 años, que también termina en el mismo momento. Si sabemos cómo «leer» los patrones claves de ambos, cada uno nos dirá algo acerca de nuestra época histórica.

Por ejemplo, el gran ciclo de 5.125 años abarca casi el mismo período de tiempo que la mayor parte de lo que se considera la historia registrada. Por consiguiente, podemos analizarlo para ver cómo la civilización ha sido influenciada por los cambios del pasado. Esto incluye aspectos como patrones de guerra y paz o el surgimiento y declive de naciones y superpotencias.

Dado que la fecha final del 2012 está marcada por un alineamiento de planetas y estrellas que ya sucedió antes de la historia humana registrada, debemos remontarnos a la última vez que se dio un patrón semejante para obtener una visión general. Esto ocurrió mucho antes de la actual era mundial. Es durante ese período de un ciclo aún más antiguo cuando los patrones más grandes que vivimos en la actualidad se hacen evidentes.

Estos patrones pueden manifestarse en los cambios de temperatura, el derretimiento de los casquetes polares, los ciclos solares y las variaciones en los campos magnéticos terrestres.

Por lo tanto, para responder a la pregunta sobre el significado que tendrá para nosotros el 2012, debemos tener en cuenta estos dos ciclos. Solo entonces podremos hacernos una imagen realista de las antiguas semillas y de lo que podemos esperar en la actualidad.

Una ventana al pasado

Tal como vimos en los capítulos anteriores, la calculadora del código del tiempo nos indica fechas precisas de la historia, pero si desconocemos su significado, únicamente serán números sin sentido. Para encontrar el significado de nuestras fechas históricas, necesitamos algo que nos permita ver diferentes momentos del tiempo a través de la misma ventana.

Basándome en conversaciones que he mantenido en distintas partes del mundo y en preguntas que surgieron desde que comencé a dar seminarios en 1986, he elegido tres categorías para hacer justamente eso. La ventana que nos ayudará a encontrarle un sentido al pasado es un patrón que se compone de *eventos humanos, eventos terrestres* y *eventos celestiales.*

Código del tiempo 16: utilizando un patrón de eventos humanos, terrestres y celestiales, obtendremos una forma consistente de ver el pasado como una ventana realista al año 2012.

Si utilizamos la calculadora del código del tiempo para identificar los ciclos, estas sencillas categorías nos ofrecerán una forma consistente de llevar la cuenta de lo que hemos encontrado. Una vez hecho esto, los patrones de lo que podemos esperar en el 2012 se harán evidentes. Comencemos entonces con una breve explicación de cada tipo de eventos, describiendo qué son y por qué son importantes.

Eventos humanos

Los eventos humanos son aquellos acontecimientos que suceden en relación con la civilización y la forma en que respondemos a los desafíos que enfrentamos como colectividad. Entre ellos se encuentran el surgimiento y el declive de las superpotencias, los ciclos de guerra y paz, y la expansión y colapso de imperios.

Esta es una categoría importante en la actualidad. Los vestigios históricos sugieren que existe una fuerte relación entre los cambios climáticos resultantes de la transición entre eras mundiales (temperatura, índice de pluviosidad y sequías, nivel del mar y agotamiento de recursos) y los ciclos de guerra, los problemas económicos y la decadencia de las civilizaciones.

Eventos terrestres

La categoría de los eventos terrestres está conformada por aquellos sistemas naturales que tienden a verse más afectados por las transiciones entre dos eras mundiales. La historia ha demostrado que estas condiciones producen cambios rápidos en poblaciones y civilizaciones enteras, y que nos obligan a escoger entre la competencia y la cooperación mientras reaccionamos a estos cambios.

A continuación, presento una breve descripción de los campos magnéticos terrestres, quizá el factor con mayor grado de influencia en los cambios de la temperatura global, la cantidad de energía que recibimos del sol, el derretimiento de los casquetes polares, y el aumento y disminución del nivel de mar.

Los misteriosos campos magnéticos terrestres: desde el descubrimiento de la magnetosfera terrestre en 1958, los científicos han reconocido que uno de sus principales papeles es ejercer como un escudo que nos protege de los fuertes efectos del viento solar. Todos los días se produce una emisión constante de radiación y partículas de gran energía que vienen hacia nosotros desde el sol. Únicamente gracias a este «escudo» magnético no sufrimos los peligrosos efectos que dicha radiación tendría sobre el delicado tejido de nuestro cuerpo.

Además, la temperatura terrestre se mantiene dentro de un rango constante durante largos períodos de tiempo gracias a los campos magnéticos, y es aquí donde entran en juego los cambios asociados a los ciclos de las eras mundiales.

Los campos magnéticos y el clima: la relación existente entre la fuerza de los campos magnéticos terrestres y los abruptos cambios climáticos que parecen acompañar a las variaciones de estos es un controvertido tema de estudio. Aunque los científicos todavía no han llegado a un consenso –al menos no a uno que haya aparecido en publicaciones científicas–, los efectos del magnetismo sobre los principales indicadores climáticos son claros.

Recientemente, dos equipos de científicos terminaron una labor monumental que nos ofrece una imagen sin precedentes de esta relación durante el período más prolongado que se haya analizado hasta el momento. Un informe de prensa anunció en 1999 la exitosa finalización del proyecto de perforación a mayor profundidad jamás realizado en la capa de hielo de la Antártida.[4] Durante cientos de miles de años, un proceso natural ha creado y preservado un registro del clima terrestre mediante una capa de burbujas de aire contenida en el hielo de la Antártida. Cada año, la capa superior «congela» los elementos y partículas transportados por el aire (oxígeno, dióxido de carbono, etc.), la lluvia, la nieve, la vida microscópica y el micropolvo presente en ese momento del tiempo, en un registro permanente de ese año.

Mientras no se derrita el hielo, tendremos una «librería» virtual de la historia de nuestro planeta plasmada en las miles de capas acumuladas durante varios milenios, en las que podemos observar señales de las temperaturas globales, la luz solar, los niveles del mar y el grosor del hielo.

Un nuevo método, desarrollado para analizar estos elementos con el fin de conocer la fortaleza de los campos magnéticos en el pasado, hace que estos núcleos del hielo tengan un mayor valor en la actualidad.[5] Aunque los científicos ya habían tomado muestras del hielo de la Antártida, la recolección de muestras del fondo de la capa de hielo realizada en 1999 nos ofrece un registro ininterrumpido del clima de la Tierra durante los últimos 420.000 años, el período de tiempo más largo que los científicos hayan podido evaluar jamás. La información contenida en el núcleo de la Antártida nos ofrece una importante clave para entender los diversos roles que desempeñan los campos magnéticos terrestres en nuestro clima y en la vida.

En términos generales, parece que la relación es la siguiente: cuando el campo magnético disminuye aunque solo sea ligeramente, el escudo más débil permite que pase más energía solar a la superficie terrestre. Este incremento de la energía solar da lugar a un período de calentamiento global. A medida que la tierra, los océanos y la atmósfera se calientan, se desencadenan ciertos sucesos que provocan los cambios climáticos observados en los vestigios geológicos. No hay que ser expertos en meteorología para entender lo que sucede.

Las temperaturas más altas comienzan a derretir el hielo polar, donde han quedado depositadas enormes cantidades de agua durante miles de años. A su vez, ese derretimiento hace que el agua llegue a los mares y altere el delicado equilibrio responsable de nuestros patrones climáticos. El agua, al mezclarse con las corrientes marinas, cambia su salinidad y temperatura, dos factores importantes que tienen un efecto directo sobre los patrones del clima de todo el planeta.

Este ciclo nos ofrece una perspectiva de lo que los científicos consideran el «abrupto» cambio climático de la actualidad. Aunque los períodos de calentamiento van ciertamente asociados a mayores niveles de gases de efecto invernadero, como el dióxido de carbono, estos procesos pueden verse claramente de forma cíclica durante épocas en las que no existía la industria. En otras palabras, aunque la civilización ha contribuido de manera innegable a los niveles de dióxido de carbono que normalmente se encuentran en la atmósfera, esa contribución parece simplemente haber acelerado los efectos de un ciclo natural que ya estaba en camino.[6]

Los virajes magnéticos: cuando pensamos en cosas sobre las cuales tenemos una absoluta certeza, los campos magnéticos de nuestro planeta parecen ser una de ellas. Hasta donde cualquiera puede recordar, cada vez que miramos la aguja de una brújula, esta siempre señala la misma dirección: hacia el norte magnético. Sin embargo, la realidad es que el magnetismo de la Tierra dista de ser una certeza. De hecho, resulta todo un misterio.

Sabemos, por ejemplo, que de tanto en tanto sucede algo casi impensable y realmente desconcertante. Por razones que no entendemos completamente, y que en ocasiones parecen ser impredecibles, los polos Norte y Sur cambian de lugar, y el campo magnético terrestre da un giro de 180 grados.

Aunque esta inversión de los polos no se ha producido en los últimos cinco mil años de la civilización humana, ciertas evidencias muestran que ha ocurrido sistemáticamente a lo largo de la historia terrestre. Los vestigios geológicos señalan que estas inversiones magnéticas ya han ocurrido 171 veces, de las cuales 14 se han producido durante los últimos 4,5 millones de años. Y aunque estos vestigios indican que en varias ocasiones hemos estado muy cerca de una inversión polar, los científicos creen que la última vez que se presentó una inversión completa fue hace 780.000 años, durante una época llamada *transición Matuyama-Brunhes,* lo cual sugiere que ya se ha cumplido el plazo para que ocurra la siguiente.[7]

Los campos magnéticos y la vida: muchos estudios científicos hablan de la gran cantidad de especies animales, desde las ballenas y los delfines hasta los colibríes y las abejas silvestres, que dependen de las «autopistas» magnéticas de la Tierra, pues las recorren con el objetivo de alimentarse y aparearse. Los humanos, aunque no las utilicemos de esa forma, no parece que seamos una excepción.

En 1993, un equipo internacional que estudió la *magnetorrecepción,* es decir, la capacidad de nuestro cerebro para detectar cambios magnéticos en el planeta, anunció un descubrimiento que atribuye aún mayor importancia al 2012, a los ciclos mayas y a los campos magnéticos terrestres. El equipo publicó el notable hallazgo de que el cerebro humano contiene «millones de pequeñas partículas magnéticas».[8] Estas nos conectan, al igual que sucede con otros animales, al campo magnético de una forma íntima, directa y poderosa. Las implicaciones de estas conexiones son muy profundas. Si los campos magnéticos llegaran a cambiar en el 2012, nos veríamos afectados por ello.

Sabemos, por ejemplo, que influyen profundamente sobre nuestro sistema nervioso e inmunológico, nuestra percepción del espacio, el tiempo, los sueños e, incluso, la realidad. Aunque la fortaleza de los campos magnéticos de nuestro planeta puede medirse a nivel general, lo cierto es que varía de un lugar a otro. A comienzos del siglo XX, estos patrones con forma de cintas fueron clasificados y publicados por los científicos como un mapa topográfico del mundo.[9] Los mapas muestran la fortaleza de las líneas magnéticas que rodean a los continentes, y aquellos lugares de la Tierra donde los seres humanos experimentan los efectos más fuertes y los más débiles de los campos magnéticos. Para entender la importancia de esto en relación con el ciclo del 2012, solo necesitamos echarle un vistazo a la conciencia.

Los campos magnéticos y la conciencia: si pensamos en los campos magnéticos terrestres como en una especie de «pegamento» energético, podemos utilizar esta metáfora como una posible explicación de por qué los cambios parecen producirse con mayor rapidez en algunos lugares y con mayor lentitud en otros. Este modelo de pegamento magnético sugiere que aquellas áreas con campos magnéticos más fuertes (más pegamento) se hallan más profundamente arraigadas a las tradiciones, creencias e ideas existentes. Lo importante es que, aunque las zonas de bajo magnetismo pueden estar preparadas para algo nuevo, la forma en que se expresen los cambios depende de quiénes vivan allí.

Incluso sin esta evidencia, todos sabemos de forma intuitiva que nos afectan las fuerzas magnéticas planetarias. Cualquier policía o trabajador del campo de la salud sabe lo intensa, y a veces extraña, que es la conducta humana durante la luna llena. Cuando la intensidad magnética cambia de manera repentina, esto afecta al modo en que nos sentimos, y si no sabemos por qué sucede, el cambio puede resultar desorientador.

Sin embargo, para quienes entienden esto, dichos momentos pueden ser un regalo importante: una oportunidad para liberarse de aquellos patrones de creencias que han causado dolor en sus vidas y familias, y enfermedades en sus cuerpos, así como para adoptar creencias nuevas que afirmen la existencia. Los artistas y los músicos lo saben bien, y muchas veces prevén los ciclos de luna llena como períodos de gran actividad. Estos ejemplos de la conciencia y del magnetismo nos ofrecen visiones importantes sobre futuros cambios en la intensidad magnética que puedan afectarnos durante el 2012.

Eventos celestiales

Aunque el misterio de los campos magnéticos sigue vigente, un factor parece ser claro: sea cual sea la razón por la que los campos magnéticos se transforman con el curso del tiempo, los cambios ocurren debido a un detonante, que parece estar relacionado con hechos que suceden fuera de la Tierra: acontecimientos celestiales del sistema solar, y posiblemente también en la galaxia.

Para el propósito de nuestra exploración del 2012, la categoría de los eventos celestiales se concentra en los ciclos naturales de nuestro sol. Gracias a los vestigios geológicos y a las correlaciones descritas anteriormente, tenemos un registro fiable de cuánta energía radiante –luminosidad solar– ha llegado a la Tierra en el pasado. Se ha demostrado que este factor juega un papel fundamental en los cambios climáticos y en nuestra respuesta a ellos.

Ciclos solares: desde la época de los primeros telescopios con los que el hombre observó el firmamento durante la época de Galileo, los astrónomos europeos han sabido que nuestro sol experimenta ciclos regulares de intensas tormentas magnéticas –*manchas solares*–, seguidas de períodos predecibles de calma. Estos ciclos se han observado de manera regular desde 1610. Desde el día en que se hicieron las primeras mediciones, se han presentado veintitrés ciclos de manchas solares, cada uno de los cuales tiene once años de duración de promedio, y el último comenzó en mayo de 1996. La fecha exacta en que terminaría el ciclo 23 fue un misterio hasta la primavera del 2006, cuando la NASA informó de un evento esperado por los astrónomos. El 10 de marzo de ese año, las tormentas magnéticas y las erupciones solares se detuvieron de manera repentina, y el sol entró en un período de calma, señalando así el fin del vigésimo tercer ciclo de manchas solares. Sin embargo, esta calma es engañosa.

El fin de un ciclo es la señal de que comienza otro que viene acompañado de nuevas tormentas. Lo que distingue al próximo ciclo es que la intensidad de las manchas solares observadas desde 1986 hasta 1996 sugiere que el siguiente, el número 24, será uno de los más intensos que se hayan registrado. «La mancha solar del próximo ciclo será entre un 30 y un 50% más fuerte que la anterior», señaló Mausumi Dikpati, del NCAR (siglas en inglés del Centro Nacional de Investigaciones Atmosféricas) en Boulder, Colorado.[10] David Hathaway, del Centro Nacional de Ciencia y Tecnología Espacial, también afirma lo mismo, sugiriendo que se espera que las manchas solares generadas durante el ciclo anterior crezcan más y «reaparezcan como grandes manchas solares» en el nuevo ciclo.[11] En otras palabras, los ciclos se están superponiendo, y aunque ya ha ocurrido en el pasado, generalmente ha durado poco. Esto es importante para nosotros, porque la *cresta* del nuevo ciclo está directamente relacionada con la actividad del anterior.

Basándose en el comportamiento de las actuales manchas solares, y teniendo en cuenta las observaciones de los ciclos solares ocurridos entre 1986 y 1996, tanto la NASA como Mausumi Dikpati, líder del equipo del NCAR, han calculado el mismo año para el momento de mayor intensidad del ciclo solar número 24. Tal vez no sea una sorpresa que la fecha coincida con la de los cálculos realizados por los mayas sobre el alineamiento de nuestro sol con el centro de nuestra galaxia: el año 2012. Si estas predicciones son acertadas, las tormentas magnéticas solares tendrán una intensidad solo menor a las de 1958, cuando la aurora boreal iluminó el firmamento nocturno en países tan australes como México. Sin embargo, en esa época no teníamos una tecnología de comunicaciones que pudiera verse afectada por estas tormentas.

Elaborando el patrón del 2012

La primera civilización de la que se tiene noticia fue la que habitó en Mesopotamia, algunas veces llamada la «cuna de la civilización», aproximadamente en el año 5000 a. de C. Aunque otros pueblos vivieron mucho antes de esta época, se cree que los primeros núcleos organizados de población humana surgieron hace unos siete mil años.

Debido a que este período comienza *antes* del inicio de nuestro gran ciclo, el término «civilización» abarca todo lo que ha sucedido durante la actual era mundial, que abarca desde el año 3114 a. de C. hasta el presente. Por tanto, cuando aplicamos la calculadora del código del tiempo para investigar el efecto que tendrá el 2012 en los eventos y en la civilización humana, tiene sentido utilizar el gran ciclo maya –nuestra era mundial de 5.125 años– como ventana del tiempo.

Sin embargo, si utilizamos la calculadora del código del tiempo para encontrar patrones de acontecimientos acaecidos en la Tierra, sucede que estos ocurren a lo largo de períodos mucho más largos que nuestra era mundial de 5.125 años; a escala geológica, comprenden cientos de miles, y a veces millones, de años. Para responder a la pregunta de qué podemos esperar en el 2012, debemos ver el ciclo mayor y la «matriz» de los cuales forma parte la actual era mundial. Este es el ciclo precesional del que hablé en el capítulo 2, que dura 26.000 años aproximadamente. Como cada ciclo contiene claves que nos ofrecen una imagen más clara de lo que podemos esperar, aplicaremos la calculadora del código del tiempo a ambos ciclos.

Gracias a las amplias categorías de eventos humanos, terrestres y celestiales, y teniendo en cuenta los ciclos de 5.000 y de 26.000 años, podemos tender un puente al pasado que nos ofrezca una ventana al futuro. Ese puente identificará cinco claves:

1. El ciclo examinado, tal como lo acabamos de ver.
2. La fecha objetivo del 2012.
3. La fecha semilla del patrón señalado por la calculadora del código del tiempo.
4. La fecha semilla convertida al calendario moderno (gregoriano).
5. Los eventos importantes que sucedieron en esta fecha, en las tres categorías que aparecen en la sección anterior.

Comencemos entonces. Inicialmente, utilizaremos la calculadora del código del tiempo, tal como hemos hecho en capítulos anteriores, para identificar la fecha clave de cada ciclo y saber así dónde podemos encontrar los patrones que se repetirán en el 2012. Estas fechas se basan en nuestro conocimiento de la naturaleza fractal del tiempo y la relación que regula gran parte de la naturaleza *dentro* del tiempo.

Al igual que en capítulos anteriores, expongo los detalles de los cálculos en los apéndices (ver el Apéndice C) a fin de facilitar la lectura. Los resultados son los siguientes:

Para el ciclo de la era mundial de 5.125 años, la fecha semilla de las condiciones que podemos esperar en el 2012 ocurrió en el año 1155 a. de C., es decir, 3.164 años antes de esa fecha.

Para el ciclo precesional de 25.625 años, la fecha semilla de las condiciones que podemos esperar en el 2012 ocurrió en el año 13824 a. de C., esto es, 15.836 años antes de esa fecha.

Antes de pasar al resumen, veamos el significado de los títulos de la columna. Estos son:

Ciclo anterior: nos indica el ciclo que estamos examinando.

Fecha de referencia: nos señala la fecha señalada por la calculadora del código del tiempo, y en qué lugar del pasado se encuentran las condiciones que se repetirán en el 2012.

Intensidad magnética: nos indica la fuerza general del campo magnético terrestre, utilizando el VADM (siglas en inglés del Método Virtual Axial Dipolo).[12] Es importante centrarse en los números relacionados entre sí. ¿Son semejantes o diferentes? ¿Están aumentando o disminuyendo?

Radiación solar: nos muestra la fuerza de la energía radiante solar que llega a la Tierra, como una lectura relacionada con todo el ciclo glacial de 90.000 años. Es importante determinar aquí si la energía radiante está aumentando o disminuyendo.[13]

Estado del clima: los efectos de los cambios en la intensidad magnética y la potencia solar.

Estado de la civilización: los eventos que ocurren en una determinada civilización durante la época de la fecha de referencia, relacionados con los cambios en la intensidad magnética y el clima.

Con estas fechas y este modelo, tenemos todo lo necesario para conocer dónde y cómo descubrir qué podemos esperar en el 2012. Si eres como yo, seguramente querrás saber a dónde irás antes de comenzar tu viaje. En la página siguiente, se presenta un resumen de los eventos que ocurrieron en las tres diferentes categorías entre los años 13.824 y 1.155 a. de C.

La figura 15 nos muestra qué podemos esperar antes y después de la fecha final del 2012. Aunque transcurren más de doce mil años entre las fechas de referencia para cada uno de los dos ciclos, las condiciones son notablemente similares en términos generales. Al final de ambas fechas, encontramos que:

- la fortaleza del campo magnético global estaba en el mismo rango general que en la actualidad
- se presentó un fuerte aumento en la cantidad de energía solar que llegó a la Tierra
- las temperaturas globales aumentaron
- las placas de hielo polar se derritieron
- el nivel del mar aumentó en todo el planeta

En vista de las crecientes preocupaciones acerca de que podamos experimentar un «viraje» magnético alrededor de la fecha final del 2012, es importante destacar la fuerza de los campos magnéticos. Dado que muchos de los cambios mencionados parecen depender de la intensidad magnética terrestre, exploremos en mayor profundidad qué nos dicen esas lecturas.

Los vestigios de los campos magnéticos terrestres encontrados en los núcleos de hielo de la Antártida han confirmado un dato muy valioso. Nos muestran que la fuerza general de la intensidad magnética de nuestro planeta debe bajar a cierto nivel antes de que el campo pueda invertirse. Teniendo en cuenta la breve explicación de los títulos de las columnas de la figura 15, este umbral deberá registrar dos unidades por debajo de la escala VADM.

Si los patrones históricos son ciertos, las cifras indicadas en la figura 15 nos muestran que actualmente nos encontramos lejos de ese umbral. Además, es improbable que los años inmediatamente

FECHAS DE REFERENCIA DEL 2012 Y SUS CONDICIONES

Época actual	Intensidad magnética	Radiación solar	Estado del clima	Estado de la civilización
Comienzos del 2008				
Fin del ciclo	-7,5 unidades	Fuerte aumento	* Aumento de 1° C * Derretimiento del hielo polar * Aumento del nivel del mar	* Varias guerras * Colapso económico * Fuerte presencia militar

Ciclo anterior de 5.125 años	**Intensidad magnética**	**Radiación solar**	**Estado del clima**	**Estado de la civilización**
Fecha de referencia: 1.155 a. de C.	-10,5 unidades	Fuerte aumento	* Aumento de 1° C * Derretimiento del hielo polar * Aumento del nivel del mar	* Declive de la vigésima dinastía egipcia * Guerras múltiples * Gastos económicos

Ciclo anterior de 26.000 años	**Intensidad magnética**	**Radiación solar**	**Estado del clima**	**Estado de la civilización**
Fecha de referencia: 13.824 a. de C.	-5,25 -7,25 unidades	Fuerte aumento	* Aumento de 2° C	* No se sabe de la existencia de una civilización

Figura 15. Este resumen muestra las condiciones claves para las fechas de referencia del 2012, señaladas por la calculadora del código del tiempo, tanto para la era mundial de 5.125 años como para el ciclo precesional de 26.000 años. Las similitudes de las condiciones entre estas dos épocas tan diferentes de nuestro pasado son sorprendentes. Si los ciclos de la naturaleza siguen los patrones del pasado, estos indicadores nos dan una idea concreta de lo que podemos esperar en la transición entre las dos eras mundiales que ocurrirá en el año 2012.

anteriores y posteriores al 2012 puedan cambiar eso... a menos que suceda algo que no forme parte del ciclo anterior y no estemos esperando.

Hay circunstancias agravantes que podrían, por ejemplo, «trastornar» el delicado equilibrio de lo que los científicos llaman la «dínamo magnética» de la Tierra. Si el equilibrio se perturba de un modo considerable, es perfectamente posible que los campos puedan debilitarse de forma dramática, lo cual iría seguido de una inversión de 180 grados, o de un viraje del Polo Norte y el Polo Sur. Aunque no existen razones históricas para creer que estas posibilidades entran dentro del futuro inmediato, suelen citarse en algunos libros sobre el 2012, razón por la cual lo menciono.

Descubrimientos recientes sobre el funcionamiento de los campos magnéticos terrestres sugieren que, más que uno solo, realmente existen múltiples campos que se «acoplan» para crear el escudo magnético que nos protege de la gran energía proveniente del sol. Parte de estos campos parece originarse en el interior de la propia Tierra, mientras que otra se forma en la atmósfera que rodea al planeta.

Cualquier factor que produzca una perturbación lo suficientemente fuerte en la Tierra o en la atmósfera podría alterar el equilibrio que mantiene los campos. En otras palabras, un impacto lo suficientemente fuerte podría hacer que el sistema se desplomara. Aunque hay cierto número de situaciones que *podrían* provocar dicho efecto, algunas de las más preocupantes son:

- Una alteración en los campos a causa de un estallido inusualmente fuerte de partículas provenientes de «una gran erupción solar».
- Una «gran superonda» de rayos cósmicos de alta energía y radiación que se propagaue por el universo cada quince mil años aproximadamente.[14]
- Una sacudida en el interior del planeta a causa del impacto de un meteorito.
- Una sacudida proveniente del interior del planeta, como la que sentimos durante el tsunami del 2004, que afectó a la uniformidad de la órbita terrestre.

- Los efectos de un posible impacto producido por un gran cuerpo celeste, como un asteroide, cometa o planeta.
- El efecto de atracción/repulsión de la Tierra al cruzar el ecuador de la galaxia.

Aunque de manera simplificada, esta lista sirve como advertencia de la posibilidad de inversión polar en el 2012. Es probable que parezca presagiar algo malo. Sin embargo, los vestigios geológicos que describen la misma travesía por el ecuador de la Vía Láctea durante el término del último ciclo precesional, hace veintiséis mil años, no nos da motivos para sospechar que ninguno de estos eventos pueda ocurrir inmediatamente antes o después de este año.[15]

Código del tiempo 17: no hay nada en los vestigios geológicos que sugiera que los campos magnéticos terrestres se invertirán antes o inmediatamente después del 2012, fecha del fin del ciclo.

Es importante tener en cuenta que la transición de la era mundial, marcada por el año 2012, es un proceso más que un evento, y ya está en camino. Según los cálculos descritos por John Major Jenkins (ver la Introducción), alrededor de 1980 la Tierra entró en la zona de alineamiento que marca el final del ciclo. Esto no solo significa que el alineamiento ya está teniendo ahora, sino que también se están produciendo sus efectos, que sentimos como oscilaciones extremas en los índices de pluviosidad y en las temperaturas, así como en huracanes, incendios forestales y sequías en ciertos lugares del mundo. Esto nos indica que ya hemos soportado los efectos más controvertidos del cambio durante casi treinta años, y que lo hemos hecho con éxito.

Lo más importante que parecen mostrar los vestigios históricos es que, aunque la fuerza de los campos magnéticos ha disminuido, parece que al hacerlo se encuentran ahora en el mismo lugar que en siglos pasados, lo suficientemente bajos como para producir cambios en el clima y en la vida, pero también lo suficientemente altos como para evitar que los campos sufran una inversión completa. En otras palabras, los campos magnéticos están donde necesitan estar, en el punto exacto del tiempo, para concluir una era mundial y comenzar la siguiente.[16]

Código del tiempo 18: el patrón del código del tiempo muestra que las condiciones humanas, terrestres y celestiales de la actualidad se hallan en el mismo rango que las fechas claves de referencia del pasado. En otras palabras, los cambios que están sucediendo en la actualidad sólo son los esperados durante el fin de una era mundial.

Detalles de las fechas semilla del 2012: 1.155 a. de C. y 13.824 d. de C.

La figura 15 nos permite ver dónde nos encontramos actualmente dentro del ciclo de la era mundial, teniendo en cuenta las fechas fractales de los dos ciclos anteriores. La siguiente descripción ofrece detalles que no vemos en la tabla. Esto es especialmente cierto con relación a los eventos humanos acontecidos en el año 1155 a. de C., y a lo que podemos ver durante el ciclo del 2012.

Eventos humanos

El año 13.824 a. de C. es anterior a la época de la «civilización» y de las grandes poblaciones organizadas en naciones, tal como las conocemos en la actualidad. Por esta razón, no tenemos indicios de la forma en que los cambios afectaron a los asentamientos humanos que pudieron existir durante esa época.

Sin embargo, el 1155 a. de C. fue decisivo para una de las civilizaciones más grandes de la historia de nuestra especie: la civilización egipcia. Tal como se muestra de manera detallada en los párrafos siguientes, en ese año fallaron muchos de los sistemas necesarios para mantener a esta potencia mundial, y la unión de tantos fracasos condujo a su derrumbe. Estos eventos sucedieron en un solo año que es el fractal de toda la era mundial. También parecen repetirse en gran parte durante el período del 2012, que conduce al fin del mismo ciclo mundial.

Como cualquier potencia, gran parte de la civilización y del gobierno egipcio dependían de la forma en que el imperio era dirigido. Ramsés III, el último gran faraón, murió el 1.155 a. de C. (posiblemente a causa de viruela). Su muerte y el caos que siguió a continuación marcaron el comienzo del declive de la vigésima dinastía de Egipto. Su decadencia se atribuye a varios factores que parecieron contribuir a una prolongada guerra destinada a combatir a invasores extranjeros.

Entre estos factores se hallan el alto coste de la guerra y el agotamiento de los recursos económicos de Egipto. Los egiptólogos han encontrado relatos de esa época que mencionan las primeras huelgas laborales de las que se tiene conocimiento, posiblemente relacionadas con la escasez de alimentos a consecuencia de los cambios abruptos en el clima y la pérdida de cosechas a causa de desastres naturales, entre los que supuestamente figura la ceniza volcánica proveniente de la erupción del monte Hekla, en Islandia.

En la actualidad, a medida que nos acercamos al fin del gran ciclo actual, en muchos sentidos parece que seguimos el peligroso patrón observado en el 1.155 a. de C. Los cambios climáticos y la lucha por los recursos, cada vez más reducidos, provocada por la escasez de petróleo y alimentos, han generado una competencia violenta, responsable de muchos de los conflictos armados de finales del siglo XX y comienzos del XXI. Reconocer este patrón y saber a dónde nos condujo en el pasado hace que nos preguntemos en la actualidad: ¿aprenderemos de los ciclos de nuestro pasado y *evitaremos caer en la antigua trampa que nos enfrenta unos a otros al final de nuestro ciclo*? El tiempo nos dará la respuesta.

Eventos terrestres

Como vimos anteriormente, la fuerza de los campos magnéticos terrestres es la base de muchos sistemas necesarios para preservar la vida. Las lecturas de la intensidad magnética global resumidas en la figura 15 se basan en dos estudios que utilizaron el mismo método para determinar su intensidad en el pasado,[17, 18] y lo que nos cuentan ambos es básicamente lo mismo.

En el año 1.155 a. de C., muestran una intensidad magnética en el rango de 10,5 en la escala VADM, y en el 13.824 a. de C. la lectura oscila entre 5,25 y 7,25 en la misma escala. Estas lecturas sugieren que la actual intensidad magnética, aproximadamente 7,5, se ajusta a lo que esperaríamos para esta fase del gran ciclo actual.

LAS LECTURAS DE LA TEMPERATURA GLOBAL que aparecen en el resumen proceden de muestras de hielo de Vostok, en la Antártida, cuyos resultados fueron publicados en 1999. Ambos núcleos utilizados en el estudio revelan la misma tendencia. En el año 1.155 a. de C., tuvo lugar un calentamiento global de casi 1 grado centígrado, mientras que el producido en el 13.824 a. de C. fue el doble, es decir, de casi 2 grados. En términos generales, parece que el aumento de las temperaturas globales que vemos en la actualidad está precisamente en el rango de los que acontecieron en puntos claves del ciclo anterior.

Los mismos estudios utilizados para determinar las temperaturas globales de los núcleos de hielo de la Antártida también relacionan dichas temperaturas con las condiciones del hielo polar de los núcleos. Los resultados para los años 1.155 y 13.824 a. de C. muestran la misma tendencia de derretimiento de los polos. Los datos parecen respaldar lo que sabemos de forma intuitiva sobre la relación entre las temperaturas y el hielo: cuando aumentan las primeras, el volumen del segundo disminuye proporcionalmente. Este parece ser exactamente el patrón del que estamos siendo testigos a comienzos del siglo XXI, con el resquebrajamiento de la capa de hielo del Polo Sur y el derretimiento sin precedentes de la masa de hielo flotante del Polo Norte, fenómeno del que informaron los más destacados investigadores del clima del Centro Nacional de Información sobre la Nieve y el Hielo, en Boulder, Colorado, en el 2008.

Eventos celestiales

Al calcular la fuerza de los campos magnéticos terrestres en el pasado, los científicos pueden ahora estimar cuánta energía radiante solar llegó a la Tierra a lo largo del ciclo. Los nuevos modelos que relacionan las temperaturas del océano con ciertas formas (isótopos) de oxígeno (^{16}O y ^{18}O) encontradas en muestras de sustratos submarinos nos ofrecen un registro de la cantidad de energía solar que ha llegado a nuestro planeta durante largos períodos de tiempo.

Las lecturas son relativas (expresadas en términos de mayor o menor energía) y describen la influencia que ha tenido el sol durante noventa nil años, casi el tiempo de un ciclo completo de glaciaciones. Lo importante es que, aunque la cantidad total de energía radiante que llegó a la Tierra fue menor en el 13.824 que en el 1.155 a. de C., se presentó sin embargo un fuerte incremento en ambas fechas. Con el aumento de energía, se produjo el correspondiente calentamiento global, que puede verse también en los núcleos de hielo. Una vez más, se trata del mismo patrón y del mismo efecto que vemos actualmente con la disminución de la intensidad magnética.

Reconsideración del fin del tiempo: ¿qué podemos esperar?

Aunque es imposible saber con seguridad qué nos deparará el año 2012, fecha en que termina nuestra era mundial, ahora podemos conocer algunos de los hechos ocurridos en ciclos similares y en los puntos semilla anunciados en el pasado. Gracias a la información suministrada por nuestra calculadora del código del tiempo, tenemos una idea razonable de lo que podemos esperar a medida que nos aproximamos al final del 2012, y más allá. Podemos hacer esto con cierta precisión gracias a las claras fechas de referencia que incluyeron los mayas en su calendario.

A partir de las fechas señaladas por la calculadora del código del tiempo, el siguiente resumen describe lo que podemos esperar inmediatamente antes y después del 21 de diciembre del 2012.

Las condiciones para las fechas de referencia de la eras mundiales pasadas describen lo que podemos esperar en los años inmediatamente anteriores y posteriores a la fecha maya final del 2012. Entre ellas están:

- Una intensidad magnética terrestre de entre 5,5 y 10,5 en la escala VADM (esto sitúa la actual lectura de 7,5 dentro del rango de lecturas propias de la era mundial anterior).
- No hay señales de una inversión polar de 180 grados, excluyendo las circunstancias especiales descritas anteriormente.
- Un aumento entre 1 y 2 grados centígrados en la temperatura global (esto sitúa el actual calentamiento en el mismo rango que los ciclos de la anterior era mundial).
- Un fuerte aumento en la cantidad de energía radiante solar recibida por la Tierra (el incremento que vemos actualmente sigue este patrón).
- Derretimiento del hielo polar y derrumbe de los cascos polares (los vestigios geológicos sugieren que el calentamiento que experimentamos en la actualidad será rápido, breve, e irá seguido de un período de enfriamiento general).

Teniendo en cuenta lo anterior, el excepcional alineamiento marcado por el solsticio de invierno de diciembre del 2012 parece ser el indicador cósmico que los antiguos mayas y otras culturas identificaron como el momento de un cambio cíclico de gran magnitud en la Tierra. Sin embargo, además de los cambios físicos del planeta, también predijeron las transformaciones emocionales y espirituales que sufriríamos al adaptarnos a las nuevas condiciones climáticas, terrestres y oceánicas que conllevarían.

Desde esta perspectiva, la fecha final del 2012 realmente marca el fin de un tipo de equilibrio al que nos hemos acostumbrado y con el que nos sentimos cómodos, y el comienzo de algo completamente nuevo. En otras palabras, aunque digamos que queremos que las cosas «vuelvan a ser normales», tal vez descubramos que el mundo creado por esos cambios tiene una nueva «normalidad». Tenemos la oportunidad de beneficiarnos de las experiencias individuales y colectivas de los últimos 5.125 años, y aplicar lo que hemos aprendido como base para la sexta era mundial de la humanidad.

Tal vez no sea ninguna coincidencia que solo ahora –en los últimos años de la parte más oscura de nuestro viaje cíclico a través del espacio, cuando enfrentamos las mayores amenazas a nuestro futuro e, incluso, a nuestra supervivencia– hayamos descubierto que tenemos la capacidad de ayudarnos mutuamente de un modo sin precedentes en la historia mundial. Es como si nos esforzáramos hasta el límite de nuestras capacidades y creencias. Ahora debemos aplicar todo lo aprendido para poder sobrevivir a lo que hemos creado.

Nos encontramos viviendo este momento extraordinario del tiempo en que el movimiento del universo está convergiendo para brindarnos las condiciones adecuadas que nos conduzcan a un cambio en nuestra forma de ver el mundo y a nosotros mismos. Del mismo modo que comprobamos los indicadores de la carretera cuando viajamos por un país para asegurarnos de que vamos en la dirección correcta, el año 2012 es como un punto de concienciación de la realidad al final del ciclo. Esto nos permite pensar dónde hemos estado, evaluar las decisiones y dirección de nuestro pasado, y realizar las correcciones necesarias para completar con éxito nuestro viaje cósmico. Esta posibilidad solo existe cuando todo lo necesario para propiciar este cambio aparece en un único período de tiempo. Y la «zona» de alineamiento del 2012 parece ser justamente ese momento.

Capítulo 7

Punto crítico 2012: ¿apocalipsis o segundo edén?

La raza humana se encuentra en un punto de cambio único. ¿Decidiremos crear el mejor de los mundos posibles?

SCIENTIFIC AMERICAN (septiembre del 2005)

Cuando hayamos asimilado el mundo tal como podría ser, será imposible seguir viviendo con satisfacción en el mundo tal como es.

ANÓNIMO

Si combinamos el mensaje contundente que nos dejaron nuestros antepasados durante los últimos cinco mil años con las más profundas observaciones de la ciencia moderna, el carácter especial de nuestra época histórica se hace evidente y el mensaje del 2012 adquiere un gran sentido. Si la disminución del escudo magnético terrestre permite que la energía solar produzca cambios mayores, la forma en que reaccionemos a ese cambio es el catalizador de nuestro crecimiento espiritual y ambos fenómenos tienen lugar precisamente en el mismo período en que un excepcional ciclo de cinco mil años se combina con un alineamiento aún más excepcional que solo sucede cada veintiséis mil años, entonces es como si el cosmos hubiera conspirado de algún modo para colmarnos con la influencia de lo que José Argüelles denomina el «rayo de sincronización galáctica».

¡Qué regalo tan extraordinario y precioso! La forma en que recibamos esa ofrenda cósmica depende de las decisiones que tomemos actualmente a nivel individual y colectivo. Y lo hacemos según cómo decidamos abordar nuestras vidas frente a los mayores desafíos de la historia de la humanidad.

El mundo está cambiando ante nuestros ojos. Los casquetes polares desaparecen con mayor rapidez de la que podemos encontrar en los textos escolares o estudios especializados, los alimentos también escasean y las «enormes tormentas» arrasan comunidades, aldeas y ciudades enteras. Los hielos de la Antártida y los sustratos del suelo marino señalan precisamente estos cambios climáticos, de los cuales habíamos sido advertidos a través de predicciones, profecías y visionarios.

No es que todo esto «vaya a suceder».

Están sucediendo ahora mismo, a un ritmo cada vez mayor. Aunque nuestros antepasados nos advirtieron que esta época anunciaría precisamente estos eventos, el núcleo de su mensaje estaba menos relacionado con los eventos en sí, y más con nuestra respuesta a ellos. En otras palabras, nos dijeron que los cambios de nuestro mundo serían el catalizador de los cambios de nuestro *interior*.

En vista de la disminución de los recursos, ¿pelearemos unos con otros por lo que queda, o lucharemos juntos para resolver nuestros problemas? ¿Las naciones con más dinero, poder y recursos se apoderarán de las reservas de petróleo, de las tierras fértiles y del agua potable, dejando que los demás países se defiendan como puedan? ¿Reconoceremos que somos una familia, que la Tierra es nuestro hogar y que somos mucho más fuertes cuando resolvemos juntos los problemas de un mundo cambiante que cuando intentamos hacerlo como una civilización dividida que se aferra a los últimos estertores de una forma de vida insostenible?

Es muy probable que descubramos que nuestra respuesta a estas preguntas sea el gran secreto para entender el 2012 y el mensaje de nuestro pasado. Nuestros ancestros hicieron un gran esfuerzo para dejarnos algo. El fruto de su labor se encuentra diseminado por toda la faz de la Tierra, en los templos, tumbas y monumentos que registran su legado. Cada uno contiene un mensaje. Aunque cada mensaje parezca diferente de los demás, el hilo conductor que los une es que todos nos señalan algo sobre nosotros mismos.

Desde el calendario maya que nos recuerda nuestra relación fraternal hasta los ciclos del tiempo del mensaje budista de que «la realidad solo existe allí donde nosotros nos enfocamos», desde el proverbio cristiano que dice que nuestras decisiones en esta vida determinan lo que sucederá en el más allá, hasta las tradiciones hopi que contienen las instrucciones para la toma de decisiones eficaces en la vida... resulta evidente que nuestros antepasados trabajaron de manera incansable para preservar algo que sabían que nosotros íbamos a necesitar.

Ese «algo» es el mensaje de renovación que viene con el amanecer de un nuevo ciclo, la nueva era mundial que nos permitirá triunfar en aquello en lo que otros han fallado y garantizar nada menos que el futuro de nuestra especie al aprender de nuestro pasado. Actualmente, el paisaje cambiante de la Tierra nos obliga a adoptar una nueva forma de pensamiento, una nueva forma de ser y una nueva forma de vida. Tal vez el mayor despertar que estemos experimentando sea el de saber que tenemos varias opciones a nuestra disposición.

¿Vas a cambiarlo?

Una de las revelaciones más inquietantes del libro *El código secreto de la Biblia,* de Michael Drosnin, es una secuencia de palabras que están directamente relacionadas con la fecha maya del 2012. En la Biblia hay dos vocablos codificados que vinculan el texto al año hebreo 5772 (2012 en el calendario gregoriano): «Tierra aniquilada». Indudablemente, el hecho de descubrir estas palabras codificadas en un texto sagrado resulta inquietante, pues parecen sugerir que nos estamos acercando al apocalipsis y al fin del mundo. Sin embargo, si observamos este código con mayor detenimiento, veremos algo inesperado: otra secuencia de palabras que describen una segunda posibilidad y que ofrecen un rayo de esperanza para el mismo año.

Con respecto a lo que estas palabras pueden indicar, Drosnin señala inicialmente que «oscuridad» y «pesimismo» se cruzan con «cometa», y aparecen junto a la fecha 2012. Luego, cita una frase curiosa relacionada con una amenaza que parece contradictoria, pues ofrece noticias agradables en un escenario diferente. La traducción sería: «Será desmoronado, expulsado, lo haré pedazos, 5772 [5772 es la notación hebrea para 2012]».[1] Con estas palabras, quienquiera que haya introducido este código en la Biblia parece decirnos que puede haber otro resultado (en el cual, la Tierra se salva) para el momento señalado.

Por tanto, «Tierra aniquilada» podría significar que en lugar de la destrucción del planeta, es la amenaza la que será destruida en esta fecha.

¿Cuál de estas interpretaciones es cierta? ¿El 2012 marca el fin del mundo o el fin de la amenaza que podría destruirlo? ¿Cómo pueden ser posibles estos dos resultados en un mismo momento del tiempo? Una tercera frase, también presente en el código, parece contener la clave de esta paradoja y la respuesta a nuestra pregunta. Es la misma que aparece en otras partes del mencionado libro, especialmente cuando especifica resultados concretos, como elecciones, guerras y asesinatos. Acompañando a la secuencia que describe los más graves desenlaces en nuestro futuro, hay cuatro palabras que ofrecen una esperanza, y que formulan una pregunta simple y directa al lector. La traducción sería: «¿Vas a cambiarlo?».[2]

Reflejando fielmente los descubrimientos de la física moderna y las creencias de nuestras tradiciones espirituales más valiosas, estas palabras nos recuerdan uno de los mayores secretos de nuestra existencia: que somos parte de nuestro mundo y que no estamos separados de él. En ese sentido, ejercemos una profunda influencia sobre aquello que sucederá en nuestras vidas en el año 2012 y más allá de esta fecha. De hecho, si creemos en el código de la Biblia, nuestro papel es tan importante que, incluso, podemos alterar el curso de un evento señalado hace tres mil años con potencial para destruir el mundo. «¿Vas a cambiarlo?» parece ser una pregunta directa para todos aquellos que lean el antiguo mensaje codificado. Se trata de una pregunta dirigida a nosotros.

Es como si quienquiera que haya creado el código hubiera tenido acceso a cierta tecnología para saber que solo se podría acceder al mensaje durante la época en que se presentara la amenaza. Y, como ya hemos visto, también estamos preparados para participar en esa transición y superar la más oscura de las posibilidades. De este modo, el código de la Biblia nos ofrece otro ejemplo de un antiguo mensaje que identifica al 2012 como una puerta a la oportunidad.

De forma casi universal, la oscuridad de nuestro ciclo se describe como un breve pero intenso período de caos y confusión. Desde la perspectiva de lo que sabemos ahora sobre nuestro alineamiento galáctico, esto parece indicar que los años comprendidos entre 1980 y 2016 (los puntos de entrada y salida de la zona de alineamiento del sol) marcan el momento de mayor intensidad. Así como siempre hemos escuchado que la parte más oscura de la noche es justo antes del amanecer, las mismas tradiciones que nos hacen estas advertencias también nos dicen que nuestra época de oscuridad es al mismo tiempo el camino que conduce a una época de luz –el aumento de luz física y espiritual que acompaña a la órbita cósmica que nos acerca al núcleo de la Vía Láctea.

Durante la oscuridad del fin del ciclo, nuestra fe, fortaleza, creencias y verdadera naturaleza serán puestas a prueba. Una de las lecciones más importantes de quienes han vivido estos ciclos en el pasado es que el mayor desafío consiste en sobrevivir a la oscuridad sin sucumbir al miedo que nos produce. Sugerían que es precisamente este miedo el que destruye al mundo y los valores que más apreciamos. También creían que dicha advertencia era necesaria, pues parece que fue este tipo de pérdida lo que condujo al declive de las civilizaciones en el pasado.

Los recientes hallazgos de civilizaciones sumamente avanzadas en lo que actualmente es India y Pakistán sitúan inquietantemente su fin cerca del término del último gran ciclo, en la época en que comenzó el ciclo actual. Los vestigios arqueológicos contienen lo que parecen ser restos de una batalla muy antigua, a gran escala y con alta tecnología, que destruyó la civilización hace cinco mil años aproximadamente.[3,4]

En vista de los cambios que el 2012 señala para nuestra época, tal vez nuestro mayor desafío sea encontrar la forma de adaptarnos a ellos sin traicionar lo que el filósofo Francis Bacon denominó nuestro carácter fundamentalmente bondadoso. Sin embargo, este desafío puede ser también nuestra mayor oportunidad para responder a la agitación propia de un mundo cambiante y ayudarnos mutuamente en lugar de agredirnos.

El sendero hopi de la vida

«La profecía dice que la tierra se estremecerá tres veces». Con estas palabras, el escritor Robert Boissiere describe los eventos a gran escala que sirven como señales de la profecía hopi del cuarto mundo y del fin del tiempo. Si pensamos en los eventos que han marcado el siglo XX, el significado de estas señales es inconfundible:

> Primero la Gran Guerra, luego la Segunda, cuando la esvástica se elevó sobre los campos de batalla de Europa para terminar con el Sol Naciente, el cual se hundió en un mar de sangre.[5]

Los detalles de semejante mapa verbal del tiempo dejan pocas dudas sobre lo que describen. Solo han tenido lugar dos guerras mundiales en los últimos cinco mil años, y la asociación de la esvástica de Alemania y el sol naciente de Japón únicamente se ha producido en una de ellas. Los ancianos hopi no dudan del significado que tiene esta profecía, ni en qué lugar nos sitúan los eventos de los últimos cien años en la línea del tiempo de la historia. Por ejemplo, antes de su muerte en 1999, a la edad de ciento ocho años, el jefe Dan Evehema, el mayor de los ancianos de la nación hopi por aquel entonces, aclaró la perspectiva de su tradición en su «Mensaje a la humanidad»:

> Ahora estamos al final de nuestro sendero. Nuestra antigua profecía nos anunció que esto ocurriría. Se nos dijo que alguien intentaría ir a la luna, que traerían algo de ella y que, después de eso, la naturaleza daría señales de perder su equilibrio. Ahora estamos viéndolo. Hay inundaciones, sequías, terremotos y grandes tormentas, y están causando un gran sufrimiento.[6]

Las señales que recibió el pueblo hopi hace varios siglos –como por ejemplo, la descripción de la esvástica y las dos grandes guerras– parecen aludir a aspectos que solo pueden atribuirse a eventos sucedidos en el siglo XX. Según la visión hopi, la transición al próximo mundo ya se halla en camino: están absolutamente seguros de ello.

Sin embargo, lo que hace que la profecía resulte especialmente intrigante es que no nos revela cómo terminará el cuarto mundo. Del mismo modo que una novela de misterio nos lleva a querer averiguar cómo será el próximo capítulo, la profecía hopi se queda corta al describir la forma en que la tierra se «estremecerá» después de las dos grandes guerras. No puede ir tan lejos porque existe un factor desconocido que impide predecir cualquier resultado con certeza. Y nosotros somos ese factor. Es ahí donde entra en juego nuestra elección.

Así como el código de la Biblia sugiere que elegimos el desenlace del 2012, la profecía hopi afirma que también escribimos el último capítulo del cuarto mundo. Y lo hacemos a través de la forma en que hemos decidido vivir nuestras vidas en la actualidad. La traducción de Boissiere dice:

> [...] la profecía no revela [en qué consiste el tercer estremecimiento de la tierra]. Pues depende del camino que la humanidad decida transitar: la codicia, las comodidades y los beneficios, o el sendero del amor, la fortaleza y el equilibrio.[7]

En esta sencilla declaración, encontramos el mensaje hopi sobre nuestro momento de la historia: aunque el cambio es inevitable, nuestra respuesta a él depende de las decisiones que tomemos. Es elección nuestra, por ejemplo, la manera de reaccionar ante la escasez de alimentos que tuvo lugar «súbitamente» a nivel global en el 2008. Es elección nuestra contribuir a aliviar las necesidades de quienes perdieron todo lo que construyeron a lo largo de sus vidas a causa de tormentas inusualmente violentas o de un tsunami. Aunque la evidencia muestra que vivimos una época de cambios, el mensaje de nuestro pasado nos recuerda que somos nosotros los que decidimos cómo tratarnos unos a otros mientras respondemos al cambio.

Lo que diferencia la profecía hopi de tantas otras es que este pueblo ofrece un plan de acción para nuestra época de cambios. Sus ancianos recibieron instrucciones para optar por «el amor, la fortaleza y el equilibrio» y preservar estas cualidades hasta el fin del tiempo. Con estas instrucciones se nos muestra el camino para prepararnos y adaptarnos a la transición hacia la gran era que se avecina.

El mapa hopi de la elección

Casi de forma universal, las historias sobre la creación que hablan de los ciclos de mundos anteriores explican cómo el ocaso de uno es la base de aquel que viene a continuación. Según esto, el final del ciclo no es realmente el final de todos los finales. Está claro que no es el fin del planeta o de la vida en la Tierra, sino más bien de una forma de ser, un paso necesario para el crecimiento y la evolución. Aunque el final puede ser difícil en algunas ocasiones, es tan natural como el paso de la noche que se transforma en el nuevo día.

A fin de mitigar los cambios propios de la transición entre dos mundos, los hopi dicen que el Creador les dio un plan de vida para compartir con quienes deseasen escucharlo. El propósito y lugar de ese plan están descritos en la profecía:

> [Después de la gran inundación del Tercer Mundo, la Mujer Araña, que teje la red que une toda la vida, le preguntó a Massoua, el guardián de la Tierra:] «¿Pueden las personas, los sobrevivientes del Tercer Mundo que destruiste con el agua, venir a vivir contigo?».
> Él respondió: «Si juran vivir de acuerdo con el plan de vida que les dio Taiowa [...] aunque muchos lo han olvidado [el plan de vida], muchos lo recordarán también [...] Pero está escrito [...] en la pared de la roca».[8]

La profecía nos dice que el plan de vida del Creador existe como un sencillo mapa que contiene un mensaje profundo, y que está preservado en un lugar llamado *Roca de la profecía*, en Oraibi, una aldea hopi en el norte de Arizona. Más que un mapa convencional, se trata de un mapa del «ser» y de la conciencia, que nos dice cuál es el estado de conciencia necesario para sobrevivir a los grandes cambios que acompañan al fin de nuestra era mundial.

Nadie sabe cuándo fueron pintadas las imágenes que aparecen en la roca de la profecía, ni quién es su autor. Pero una cosa es cierta: su mensaje es fundamental para la profecía hopi. Del mismo modo que las tablas de Moisés se convirtieron en las directrices de toda una civilización, el mapa de Oraibi contiene el núcleo de una filosofía de

Figura 16. Fotografía de la profecía hopi grabada en piedra en Oraibi, Arizona. En ella, vemos los dos senderos que conducen a la nueva era mundial del quinto mundo. Foto tomada por Bill Tenuto con la autorización del anciano hopi Martin, el 6 de abril del 2007. Martin utilizó una piedra similar a una tiza para resaltar las antiguas inscripciones de la foto. Para ver más imágenes e interpretaciones de la profecía hopi, visita la página http://thenewhumanity.blogspot.com.

vida positiva, tanto para los hopi como para todos aquellos que reconozcan su verdad. Aunque es susceptible de varias lecturas, en general el mensaje no ha cambiado a lo largo del tiempo.

El código de la profecía de la roca gira en torno a dos líneas paralelas que pueden verse en el mapa, dos caminos posibles que la humanidad puede elegir como una forma de vida, cada uno de los cuales conduce a una experiencia muy diferente. El camino inferior muestra a personas saludables y vitales que llegan a edades avanzadas y cosechan maíz en un campo fértil. El superior también muestra personas. Sin embargo, si se observa detenidamente, se verá que sus cabezas no están unidas al cuerpo y les flotan por encima de los hombros. La línea que hay debajo de ellos es tosca y dentada.

La traducción de Boissiere sostiene que el camino superior muestra lo que sucede con las «personas que utilizan sus mentes en el camino espiritual, en lugar de su fe». En lugar de la cosecha abundante que se ve en el camino inferior, pueden observarse tormentas sobre un terreno rocoso. El mensaje es claro para quienes entienden el mapa: el camino inferior conduce a una vida de salud y abundancia, mientras que el superior lleva a una vida de privaciones y sufrimiento.

La buena noticia es que el mapa también muestra un tercer camino, una línea vertical que conecta las dos horizontales. Se dice que esta línea representa la escalera de las elecciones, mediante la cual quienes han elegido uno de estos caminos pueden cambiar y optar por el otro. Los hopi afirman que, a medida que nos acerquemos al final de esta era mundial, habrá una época de confusión durante la cual muchas personas harán justamente eso. Las condiciones de la Tierra las llevarán a abandonar la comodidad del pasado y las obligarán a elegir un nuevo camino.

Los hopi consideran que esta época de confusión es el período de «purificación» que tiene lugar antes de la limpieza de la Tierra. Así como el fuego voraz que avanza por el bosque puede preparar el camino para el crecimiento de árboles nuevos y saludables, las tradiciones de nuestro pasado nos han preparado para la gran limpieza que acompaña al final de cada era mundial.

La visión hopi sostiene que esta limpieza es necesaria e inevitable.

Puesto que formamos parte del jardín de la Tierra, esta es una oportunidad para eliminar los desperdicios acumulados a lo largo de la historia y aceptar las enseñanzas más valiosas. De ese modo, podemos decidir qué valoramos en la nueva era mundial, y eliminar todo aquello del pasado que nos ha causado dolor y sufrimiento: los juicios, los prejuicios y las creencias que han orientado nuestras elecciones.

Si las condiciones de dicha purificación –cambios extremos en el clima, fracaso de economías insostenibles, disparidad en la distribución de la riqueza y creciente competencia por recursos que escasean– son realmente consecuencia de ciertos alineamientos astronómicos, tal como señalan algunos indicios, el mundo moderno parece confirmar esto. Lo importante es que estos cambios se están presentando en la actualidad. La evidencia científica y las señales indígenas sugieren que nuestra época forma parte de ese proceso de limpieza. Afortunadamente, estas limpiezas son escasas y muy espaciadas.

Aunque esto parezca una buena noticia, lo importante es que antes de poder sembrar una nueva forma de ser en el jardín de una nueva era mundial, debemos reconocer primero lo que necesitamos. Siguiendo las descripciones de las señales globales y los desequilibrios que se han vuelto tan habituales en nuestro mundo, la última parte de la traducción de la profecía hopi señala: «Parece que ahora todos estamos en ese punto de nuestras vidas».

Los hopi también afirman que la forma de elegir el buen camino es tan simple como el propio mapa: «Cuando utilicen la oración y la meditación, en lugar de depender de los nuevos inventos para producir un mayor desequilibrio, [los pueblos de la Tierra] también encontrarán el verdadero camino».[9]

Además, la clave para mantenerse en el sendero de la vida es igualmente simple: «Amar a todas las cosas, personas, animales, plantas y montañas, pues aunque hay muchas *Catsinas* [expresiones del espíritu], solo hay un espíritu».[10]

Las tradiciones hopi de Oraibi son un hermoso ejemplo de una cosmovisión íntegra. Mediante señales claras e inconfundibles, nos dicen en qué lugar del ciclo nos encontramos. Nos orientan con una práctica –una forma de ser– que es sostenible y que podemos seguir fácilmente. Gracias a esta práctica, tenemos la oportunidad de elegir nuestra forma de experimentar el fin de nuestro gran ciclo y la transición hacia el siguiente.

Punto crítico: 2012

¿Qué nos dicen, entonces, el mapa hopi, el calendario maya, el código de la Biblia y los demás mensajes de nuestro pasado? ¿Es posible que, al elegir una nueva forma de ser, podamos cambiar realmente la manera en que experimentamos las cosas, como, por ejemplo, las inquietantes consecuencias pronosticadas para el 2012? Aunque varios descubrimientos recientes demuestran que la conciencia influye en nuestro mundo de manera directa, las respuestas a estas preguntas son básicamente variaciones de otro experimento realizado hace un siglo con el objetivo de comprobar hasta qué punto nuestras creencias inciden realmente en la realidad.

❄❄❄❄

En 1909, el físico británico Geoffrey Ingram Taylor realizó el famoso experimento de «la doble hendidura», que revolucionó nuestra forma de contemplar el universo. Lo más relevante de su investigación es que la simple presencia de la conciencia en una sala –es decir, la presencia de personas– afectaba a la forma en que se comportaban las partículas cuánticas (de las cuales se compone nuestro mundo).

El 26 de febrero de 1998, varios científicos del Instituto de Ciencias Weizmann, en Israel, repitieron el experimento de Taylor. No solo confirmaron que nuestro mundo se ve afectado por el simple hecho de observarlo, sino que también descubrieron lo siguiente: «Cuanto más prolongada o intensa sea la "observación", mayor será la influencia del observador en lo que sucede».[11] En otras palabras, cuanto mayor sea la concentración de los observadores, mayor será la influencia en los resultados.

Aquí está la clave para entender lo que los físicos cuánticos y el calendario maya podrían querer decirnos realmente acerca de nuestro poder en el universo. Un creciente número de científicos ha llegado a una conclusión inevitable: existe un lugar donde comienzan todas las cosas, y ese lugar es el ámbito de la energía cuántica, el mismo que se ve influenciado por nuestros pensamientos, sentimientos, emociones y creencias. En esta «tierra de nadie» donde todo es posible, las leyes del tiempo y del espacio parecen fracasar y son reemplazadas por lo que los científicos llaman la «extrañeza cuántica». En este terreno, además, los átomos de la materia se ven influenciados por los pensamientos, los sentimientos, las emociones y las creencias para convertirse en la realidad de nuestro mundo.

En 1957, el físico de la Universidad de Princeton Hugh Everett III llevó estas ideas un paso más allá al promulgar su teoría sobre cómo el enfoque de nuestra conciencia crea la realidad. En un trabajo que marcó un hito y que incluía su «interpretación de los universos múltiples», Everett describió momentos simples del tiempo en los que es posible «saltar» de una realidad a otra, tendiendo un puente cuántico entre dos posibilidades existentes.[12]

Llamó a estos intervalos de oportunidad «puntos críticos», y los describió como momentos en que las condiciones hacen posible emprender un nuevo camino de experiencias y cambiarlo, modificando el enfoque de nuestra conciencia, es decir, nuestras creencias. Según esta teoría, el caos, el sufrimiento y la destrucción son realmente posibles –y tal vez probables– si el curso de los eventos humanos se mantiene en la misma trayectoria en la que ha estado durante los últimos dos siglos aproximadamente. El descubrimiento de los puntos críticos nos ofrece la oportunidad de cambiar esa trayectoria.

Esta es una buena noticia en vista de las inquietantes posibilidades para el 2012. Para quienes comprenden que los patrones repetitivos de un suceso semilla también señalan las mejores épocas para cambiar los patrones indeseables, la transición del 2012 parece ser una bendición mixta. Se experimentará el nacimiento de un mundo nuevo y hermoso, y, al mismo tiempo, la muerte de todo aquello que no lo apoye. Aunque cualquier época es buena para tomar decisiones positivas que afirmen la vida, es como si la naturaleza conspirara para crear condiciones perfectas que faciliten el cambio y las decisiones: el punto crítico de oportunidades del 2012.

La clave reside en que tendemos a experimentar aquello con lo que más nos identificamos. En otras palabras, aunque la enfermedad y la sanación puedan darse al mismo tiempo, sentiremos que la segunda es más dominante si nos enfocamos en ella. Nos han educado para hacer eso, y hemos recibido la bendición de tener familia, empleo, amigos y amor. Mientras tanto, la tragedia y el sufrimiento han azotado al mundo. Desde la Segunda Guerra Mundial y la guerra de Vietnam hasta los recientes conflictos en Irak y Afganistán, quienes no estamos involucrados en estas luchas hemos continuado con nuestras vidas cotidianas mientras otros han perdido las suyas en estas contiendas. Ambas realidades sucedieron al mismo tiempo, y fuimos conscientes de ellas.

Sin embargo, en nuestra rutina cotidiana, cuando nos levantamos por la mañana y desayunamos a fin de prepararnos para el día, generalmente nos identificamos más con lo que pueda pasarnos a nosotros que con lo que les suceda a los demás. Este tipo de enfoque parece ser el secreto para sobrevivir al mayor cambio en la historia de la humanidad. Si podemos identificarnos a nivel local con las transformaciones que afirman la vida mientras hacemos lo que esté a nuestro alcance para ayudar a los demás a nivel global, nuestras elecciones individuales se convertirán en nuestro enfoque colectivo para todo aquello que nos traiga el 2012.

Nuestro «cuello de botella» del cambio

En el 2005, la revista *Scientific American* publicó una edición especial titulada «Encrucijadas del planeta Tierra», en la que identificaba una serie de posibilidades, algunas de ellas descritas en este libro, las cuales, en caso de no prestarles atención, tienen el potencial para destruir la vida tal como la conocemos.[13] Mediante varios ensayos e informes, los expertos ofrecieron una explicación contundente para un hecho simple: nuestra civilización no puede soportar el mismo camino de feroz competencia, de economías en continua expansión, de la creciente escasez de recursos, del aumento de gases invernadero y de los cambios climáticos que hemos visto en los últimos cien años.

La convergencia de tantos problemas en un período de tiempo tan corto es lo que E. O. Wilson, biólogo de la Universidad de Harvard, denomina el «cuello de botella» en el tiempo. George Musser, editor de *Scientific American*, sostiene que este cuello de botella es «un período de máximo estrés en los recursos naturales y en la ingenuidad humana». La publicación afirma que, aunque cada una de estas posibilidades es catastrófica, todas ellas están produciéndose ahora mismo, precisamente en el momento de la transición del 2012.

Código del tiempo 19: las mentes más brillantes de nuestra época coinciden en que el actual agotamiento de los recursos naturales, el crecimiento exponencial de la población, la pobreza global y la disputa por los recursos básicos están convergiendo en un «cuello de botella» en el tiempo.

Sin embargo, incluso antes de ser conscientes de la magnitud de estos problemas, una de las mentes más brillantes del siglo XX ya había allanado el camino, y lo hizo con una advertencia. Reconociendo que nuestra civilización global estaba en expansión, que cada vez consumía más recursos y que había grandes diferencias entre las economías que eran insostenibles a largo plazo, Albert Einstein enunció algo obvio en una sola frase: «Tendremos que pensar de un modo sustancialmente nuevo si queremos que la humanidad sobreviva». Nunca sabremos si las condiciones del mundo actual era lo que Einstein tenía en mente cuando hizo esta declaración profética.

No obstante, el gran número de crisis y la magnitud de sus consecuencias son señales claras de que nos estamos acercando a un punto de convergencia en el que algo debe «ceder». Si no reaccionamos, nuestro mundo podría transformarse en esa época de colapso y sufrimiento prevista en tantas tradiciones y profecías semejantes al apocalipsis descrito en la Biblia. Sin embargo, ni las profecías ni los indicios más evidentes sugieren que esto tenga necesariamente que suceder. Aunque el primer jardín del edén desapareció hace mucho tiempo, si recurrimos a nuestros conocimientos del significado que han tenido los ciclos de las eras mundiales, podremos transformar las posibilidades más oscuras en las semillas del segundo edén.

Gracias a los modelos científicos y a las antiguas profecías, actualmente disponemos del conocimiento necesario para ver lo que tenemos delante y reconocer nuestras posibilidades. Sabemos que es necesario un cambio radical en nuestra relación con la Tierra, con nuestro prójimo y con nosotros mismos. Sabemos que todo, desde la forma en que vivimos a diario hasta el modo en que utilizamos los recursos que se están agotando ante nuestros ojos, debe cambiar si queremos sobrevivir. Gracias a nuestra capacidad de reconocer este sendero de destrucción, y de aceptar que tenemos otras opciones, los nuevos movimientos basados en una vida holística, sostenible y ecológica han obtenido tanta aceptación.

¿Qué significa entonces todo esto con respecto al 2012? ¿Nos dirigimos a una época de catástrofes o a un milenio de paz? ¿Estamos ante el apocalipsis, el edén o ambos? La verdad es que nadie lo sabe con seguridad.

Aunque las erupciones solares y las inversiones magnéticas del pasado fueron reales y nuestros antepasados sobrevivieron a ellas, estos cambios no ocurrieron en un planeta poblado por 6.500 millones de personas dependientes de la energía eléctrica, las comunicaciones, los ordenadores y los satélites de posicionamiento global. Nadie conoce realmente la verdadera magnitud de las consecuencias, ni sabe cómo podríamos enfrentarlas o qué significado podría tener una experiencia tan monumental en nuestras emociones y en nuestros cuerpos.

Sin embargo, sabemos que los seres humanos de la Antigüedad vivieron ciclos similares. Aunque las tradiciones bíblica y oral sugieren que esta época dista de ser normal, el hecho es que lograron vivir y registrar la historia, y nosotros estamos aquí para leerla. Los nuevos descubrimientos que relacionan una física basada en el corazón con lo que sucede en el mundo nos dicen que la manera en que experimentemos la transición parece depender básicamente de nosotros mismos. Los resultados de estos descubrimientos son concluyentes. La forma en que nos sintamos con respecto a nuestras experiencias tiene un efecto directo sobre lo que realmente experimentamos.

Código del tiempo 20: los resultados son concluyentes: una vida basada en el corazón tendrá un efecto directo en la forma en que experimentemos el 2012 y nuestra época de cambio.

Con respecto a nuestra cita con el final del 2012, esto sugiere que si decidimos centrarnos en todo lo malo que pueda suceder, podríamos pasar por alto aquellas experiencias de vida que pueden evitar que eso ocurra. Por el contrario, si reconocemos nuestro poder individual en el enfoque basado en el corazón y entendemos que el poder puede transformarse en una onda colectiva que influye directamente sobre todo aquello que mantiene la vida en la Tierra, podríamos descubrir que las descripciones esperanzadoras sobre lo que viene después del 2012 son más que una metáfora. Habremos aprendido que tenemos literalmente poder para crear un mundo nuevo y hermoso.

La clave es que la única forma de hacerlo es trabajar juntos. Un proyecto nuevo e importante, basado en un descubrimiento igualmente poderoso, nos permite hacer precisamente eso.

Uniendo los corazones a través de la conciencia global

Aunque no conocemos muchas cosas sobre la conciencia, hay algo que sabemos con seguridad: que se compone de energía, y que en esa energía está el magnetismo. Aunque podríamos explorar la naturaleza magnética de la conciencia durante otro siglo más y no llegar a resolver todos sus misterios, sí podemos aplicar lo que hemos aprendido hasta ahora para estar a la altura de las condiciones de un mundo cambiante. Un creciente conjunto de investigaciones sugiere que los campos magnéticos terrestres cumplen un importante papel al conectarnos unos a otros, así como al planeta.

En septiembre del 2001, dos satélites meteorológicos geoestacionarios (*GOES*) que orbitaban alrededor de la Tierra detectaron un aumento en el magnetismo global que cambió para siempre la forma en que los científicos contemplaban nuestro mundo y a nosotros mismos. El *GOES-8* y el *GOES-10*, en las lecturas que trasmiten cada treinta minutos, mostraron un incremento significativo en la fortaleza de los campos magnéticos terrestres. La magnitud de esos incrementos y el momento en que ocurrieron fue lo que les llamó inicialmente la atención a los científicos.

Ubicado aproximadamente a 40.000 kilómetros sobre la línea ecuatorial, el *GOES-8* detectó el primer incremento, seguido por una tendencia ascendente en las lecturas, que alcanzaron casi 50 unidades (nanoteslas), más de lo que anteriormente había sido habitual para esa época del año. Eran las 9:00 a.m., hora oficial del Este, quince minutos después de que el primer avión chocara contra el World Trade Center, y unos quince minutos antes del segundo impacto.

La relación entre los sucesos y la lectura es inquietante e innegable.

Dos preguntas surgieron a partir de esto: ¿había alguna relación entre los ataques al World Trade Center y las lecturas de los satélites? Si era así, ¿cuál era el vínculo? La respuesta a la segunda pregunta motivó la investigación y la ambiciosa iniciativa que vino a continuación.

Estudios posteriores realizados por la Universidad de Princeton y el Instituto HeartMath, una innovadora institución sin ánimo de lucro fundada en 1991 con el objetivo de investigar y desarrollar tecnologías basadas en el corazón, han descubierto que la relación entre las lecturas del satélite *GOES* y los sucesos del 11 de septiembre es algo más que una simple coincidencia.[14] Tras constatar que los satélites habían registrado aumentos similares durante ciertos sucesos de relevancia mundial en el pasado, como la muerte de la princesa Diana, el factor que parecía conectar las lecturas fue evidente: los indicios señalaban al corazón humano.

Concretamente, las emociones del corazón que nos caracterizan como seres humanos parecen influir en los campos magnéticos terrestres. Lo que hace que este descubrimiento sea tan significativo es que estos campos están relacionados con aspectos que van desde la estabilidad del clima hasta la paz entre las naciones.

Entre los nuevos hallazgos, hay dos que dan un nuevo significado a lo que nos mostraron los satélites el 11 de septiembre del 2001:

Descubrimiento 1: está bien documentado que el corazón humano genera el campo magnético más intenso del organismo, casi cinco mil veces más fuerte que el del cerebro. Este campo crea un patrón con forma de rosquilla que va mucho más allá del cuerpo físico y se extiende a una distancia que oscila entre 1,50 y 2,50 metros del corazón físico. Los datos sugieren que este campo podría llegar a ser tan grande que tendríamos que medirlo en kilómetros, aunque los equipos utilizados en la actualidad para detectarlos no puedan hacerlo todavía.

Implicación: el campo magnético del corazón responde a la calidad de las emociones que cultivamos. Tal como el vínculo intuitivo entre las sensaciones y el organismo parece sugerir, las emociones positivas aumentan el equilibrio físico de las hormonas y del ritmo cardiaco, así como la claridad mental y la productividad. Del mismo modo, los estudios muestran que las emociones negativas pueden influir en hasta mil cuatrocientas alteraciones bioquímicas del organismo, entre las cuales están el desequilibrio hormonal, el trastorno del ritmo cardiaco, la falta de claridad mental y el bajo rendimiento.[15]

Descubrimiento 2: ciertas capas de la atmósfera terrestre, así como la propia Tierra, generan lo que ahora se conoce como una «sinfonía» de frecuencias (de entre 0,01 y 300 hercios), algunas de las cuales se superponen con otras creadas por el corazón en su comunicación con el cerebro. Esta relación antigua y casi holística entre el corazón humano y el escudo que hace posible la vida en la Tierra es lo que ha conducido a una teoría maravillosa y al proyecto que la investiga. En palabras de los investigadores del HeartMath, la relación que existe entre el corazón humano y el campo magnético terrestre sugiere que «las fuertes emociones colectivas tienen un impacto significativo en el campo geomagnético de la Tierra».[16]

Implicación: si aprendemos el lenguaje del corazón –el mismo que reconoce y ante el cual reacciona el escudo magnético que protege la Tierra–, podemos participar en los efectos que el campo magnético produce sobre todas las formas de vida. Es aquí donde las relaciones que parecen tan futuristas se vuelven aún más interesantes. Las modificaciones de los campos magnéticos a los que accedemos por medio de nuestros corazones se han asociado, entre otros, con cambios en la actividad del cerebro y del sistema nervioso, la memoria, el rendimiento deportivo, la capacidad de las plantas para crear nutrientes vitales, la mortalidad humana a causa de problemas cardiacos, y el número de casos de depresión y suicidio.

Estos dos descubrimientos han abierto la puerta a una nueva era de entendimiento en nuestra relación con el planeta. Gracias a estas revelaciones, la pregunta ha pasado de «¿existe una relación entre las emociones colectivas y la Tierra?» a «¿y por qué no?». Si una parte considerable de la población enfocara el campo magnético más fuerte del cuerpo humano en una emoción durante el mismo período de tiempo, es perfectamente lógico suponer que eso afectaría a la parte del planeta que opera en el mismo rango de frecuencia que las emociones.

La relación es clara: un cambio en nuestra forma de sentirnos con nosotros mismos y con el mundo tiene el potencial de afectar al planeta. Si el cambio es positivo, el efecto de las emociones resultantes también será positivo. Se sabe que este cambio crea una coherencia entre el corazón y el cerebro, y ahora parece que el efecto se extiende a los campos que mantienen la vida terrestre. En palabras de los investigadores del HeartMath, «regular las emociones es el próximo paso en la evolución humana».[17]

El descubrimiento de que podemos elegir y crear una mayor coherencia entre nosotros y los campos magnéticos de la Tierra ha conducido a una de las iniciativas científicas más ambiciosas de la historia. La magnitud del proyecto es enorme y sus implicaciones, épicas. Gracias a los desafíos presentados por nuestra época histórica, este nuevo proyecto, Iniciativa para la Conciencia Global, hace posible que cualquier persona pueda aprender el lenguaje de la coherencia del corazón.[18] Al hacer esto, un mayor número de individuos podrá participar en los cambios que están teniendo lugar en el planeta.

La clave del proyecto de conciencia global es doble:

1. En asociación con la doctora Elizabeth Rauscher, destacada astrofísica y física nuclear, el Instituto HeartMath está desarrollando un sistema de control de la conciencia global, que utiliza una serie de sensores de reciente creación, dispuestos a lo largo del planeta, para medir los cambios de la magnetosfera. El objetivo de este sistema es medir la forma en que los campos magnéticos terrestres afectan a los ritmos cardiacos, la actividad cerebral, los niveles de estrés y las emociones. Estudios preliminares, como los que han utilizado los datos suministrados por el *GOES*, sugieren que dichos efectos son parte de una relación que actúa en doble dirección. Es ahí donde entra en juego la segunda parte de la iniciativa.
2. Aunque sabemos que la vida en la Tierra se ve afectada por los cambios en la fuerza del campo magnético, los informes indican que la vida puede influir en el propio campo que nos mantiene. La segunda parte de la iniciativa es un ambicioso esfuerzo, liderado por el Instituto HeartMath, con el objetivo de enseñar a lograr la coherencia que mejora nuestras vidas y aprender a reconocer cuándo alcanzamos realmente un estado coherente. La idea es que cuando un gran número de personas responda a un evento global potencialmente destructivo con un sentimiento emocional común, como por ejemplo, a un huracán o un tsunami, esto puede influir sobre la calidad del campo que nos conecta.

Así como el estrés que sentimos tras un desastre natural puede generar ondas incoherentes y globales de estrés, una onda emocional positiva puede crear ondas de conciencia global. Esto está respaldado por las investigaciones del Instituto HeartMath y del Proyecto de Conciencia Global de la Universidad de Princeton, que tiene una década de antigüedad. Los sólidos datos de Princeton nos ofrecen una fuerte evidencia de que las emociones humanas colectivas crean efectos globales que pueden medirse mediante la actividad de aparatos electrónicos.[19]

Para poner en contexto el significado exacto de este proyecto y cuál es su importancia, solo necesitamos recurrir a nuestro conocimiento de los ciclos y a nuestro lugar durante el final de una gran era mundial. Tal vez no sea una casualidad que la iniciativa de conciencia global se esté adelantando precisamente en los primeros años del siglo XXI. Los expertos sostienen que es ahora, durante el fin de una era mundial, cuando enfrentamos el mayor número de desafíos de gran magnitud de los 5.125 años de historia humana registrada.

Estamos descubriendo que algunos de estos desafíos tienen el potencial para terminar definitivamente con la vida en la Tierra, tal como la conocemos. Pero también estamos descubriendo que nacemos con la capacidad de armonizar nuestros cuerpos con los campos terrestres que sostienen la vida, de forma que podemos mitigar las posibles consecuencias negativas que puedan resultar de esos desafíos. La forma de hacerlo es mediante el lenguaje silencioso del corazón.

Código del tiempo 21: enfrentados al mayor número de desafíos de gran magnitud con capacidad para destruir el mundo en 5.125 años de historia humana, ahora hemos descubierto que la clave para nuestra transición se halla en nuestros sentimientos colectivos con respecto al cambio.

Esta convergencia es realmente significativa, hermosa e increíble. La manera de mitigar la transición entre las eras mundiales que ocurrirá en el 2012 consiste en cambiar nuestra visión del mundo y en hacerlo juntos. ¿Podríamos imaginar una mejor perspectiva?

La iniciativa de conciencia global es de vital importancia para la salud y el futuro de nuestro planeta. Por primera vez, tenemos la capacidad, el raciocinio y la tecnología necesarios para trascender las ideas que nos han dividido en el pasado y trabajar juntos para invitar a millones de personas a participar en este momento decisivo de cambio. Como poco, el proyecto contiene el plano para superar los límites tradicionales de la geografía, cultura, religión y creencias, para unir a toda la comunidad global alrededor de una nueva forma de vida con unas decisiones basadas en el corazón que promuevan la conciencia global.

El significado de los códigos del tiempo

En los capítulos anteriores, hemos explorado el misterio, los descubrimientos, y nuestra relación con el tiempo y la realidad. En cada sección, he resaltado las ideas que nos ayudarán a anclar sus mensajes en la mente. A continuación, ofrezco un resumen de estas ideas en el orden en que han aparecido a lo largo del libro. Individualmente, todas son interesantes y servirán como un recordatorio de la importancia que tiene cada sección. Colectivamente, nos hablan de nuestra relación con el tiempo, los ciclos y el misterio del 2012.

Así como el Apéndice A describe la forma en que un algoritmo sienta las bases para que el código de un ordenador ejecute su tarea, las claves que expongo a continuación pueden considerarse como el código que explica nuestra relación con el tiempo de un modo significativo, práctico y fácil de aplicar. Al igual que con cualquier código, las claves aparecen de forma secuencial por una razón: así como las instrucciones para cambiar el aceite de un vehículo solo tienen validez si se siguen en un orden preciso, nuestras claves para el tiempo, los ciclos y el 2012 únicamente tienen sentido si entendemos cada uno de estos aspectos antes de pasar al siguiente.

Por esa razón, te invito a que pienses en esta secuencia de códigos del tiempo uno a uno. Hazlo hasta que te sientas cómodo con ellos y tengan sentido para ti. En conjunto, estos códigos pueden ser tu guía personal para recibir los cambios del 2012 y de otros años del futuro.

Los códigos del tiempo

Código del tiempo 1: vivimos la conclusión de un ciclo de tiempo de 5.125 años –una era mundial– que los antiguos mayas calcularon que terminaría con el solsticio de invierno del 21 de diciembre del 2012.

Código del tiempo 2: nuestros antepasados registraron su experiencia del último «fin del tiempo», mostrando más allá de cualquier duda razonable que el final de una era mundial es el comienzo de la siguiente, y no el fin del mundo.

Código del tiempo 3: nuevos descubrimientos demuestran que podemos contemplar el tiempo como una condición que sigue los mismos ritmos y ciclos que lo regulan todo, desde las partículas hasta las galaxias.

Código del tiempo 4: podemos pensar en lo que sucede en el tiempo como *lugares* dentro de los ciclos; puntos que pueden medirse, calcularse y predecirse.

Código del tiempo 5: si sabemos dónde nos encontramos en un ciclo, sabremos qué esperar cuando se repita.

Código del tiempo 6: la calculadora del código del tiempo señala cuándo podemos esperar que se repitan las *condiciones* del pasado, pero no los acontecimientos.

Código del tiempo 7: las antiguas tradiciones dividieron la órbita de 25.625 años de la Tierra a través de las doce constelaciones del Zodíaco –la precesión de los equinoccios– en cinco eras mundiales de 5.125 años de duración cada una.

Código del tiempo 8: la posición de la Tierra dentro de nuestra galaxia produce cambios poderosos que señalan el fin de una era mundial y el comienzo de la siguiente. El conocimiento de estos cambios cíclicos se denomina la doctrina de las eras mundiales.

Código del tiempo 9: las tradiciones védicas describen un largo período de devoción, expresado en la acción (*bhakti*), que comenzó alrededor de 1898 y que dura más allá del 2012, fecha del fin del ciclo calculada por los mayas.

Código del tiempo 10: la actual era mundial comenzó el 11 de agosto del año 3114 a. de C. Su fin está marcado por el excepcional alineamiento de nuestro sistema solar con el núcleo de la Vía Láctea que ocurrirá el 21 de diciembre del 2012, acontecimiento que tuvo lugar por última vez hace aproximadamente 26.000 años.

Código del tiempo 11: la naturaleza utiliza unos cuantos patrones simples, similares y repetitivos –fractales– para convertir la energía y los átomos en las formas conocidas de todo lo que existe, desde raíces, ríos y árboles hasta rocas, montañas y seres humanos.

Código del tiempo 12: todo lo que necesitamos para entender el universo se halla en la simplicidad de cada una de sus partes.

Código del tiempo 13: nuestro conocimiento de los ciclos repetitivos nos permite señalar momentos futuros en los que podemos esperar que se repitan condiciones del pasado.

Código del tiempo 14: la calculadora del código del tiempo puede señalar ciclos personales de amor y dolor, así como ciclos globales de guerra y paz.

Código del tiempo 15: los patrones identificados de un momento pasado tienden a repetirse con mayor intensidad en épocas posteriores.

Código del tiempo 16: utilizando un patrón de eventos humanos, terrestres y celestiales, obtendremos una forma consistente de ver el pasado como una ventana realista al 2012.

Código del tiempo 17: no hay nada en los vestigios geológicos que sugiera que los campos magnéticos terrestres se invertirán antes o inmediatamente después del 2012, fecha del fin del ciclo.

Código del tiempo 18: el patrón del código del tiempo muestra que las condiciones humanas, terrestres y celestiales de la actualidad se hallan en el mismo rango que las fechas claves de referencia del pasado. En otras palabras, los cambios que están sucediendo en la actualidad solo son los esperados durante el fin de una era mundial.

Código del tiempo 19: las mentes más brillantes de nuestra época coinciden en que el actual agotamiento de los recursos naturales, el crecimiento exponencial de la población, la pobreza global y la disputa por los recursos básicos están convergiendo en un «cuello de botella» en el tiempo.

Código del tiempo 20: los resultados son concluyentes: la vida basada en el corazón tendrá un efecto directo en la forma en que experimentemos el 2012 y nuestra época de cambio.

CÓDIGO DEL TIEMPO 21: enfrentados al mayor número de desafíos de gran magnitud con capacidad para destruir el mundo en 5.125 años de historia humana, ahora hemos descubierto que la clave para nuestra transición se halla en nuestros sentimientos colectivos con respecto al cambio.

Una oportunidad en veintiséis mil años

Si preguntamos a los descendientes de los mayas por qué desaparecieron sus antepasados, nos contarán una historia más semejante al argumento de una película de ciencia-ficción que a una leyenda indígena. Posiblemente comenzarían con un relato sobre los misteriosos cronometradores que, hace más de mil años, identificaron los ciclos del universo con una precisión sin precedentes. Luego, por una razón que solo los antiguos profetas-científicos podían saber, abandonaron para siempre sus templos, observatorios y pirámides. De la misma forma misteriosa en que aparecieron, se internaron en las selvas de Yucatán y regresaron a su lugar de origen. Sin importar el significado que tenga su historia en la actualidad, es evidente que los mayas sabían algo que nosotros apenas estamos comenzando a entender.

La clave de su mensaje es que su secreto fue algo más que las representaciones exactas del tiempo cinceladas en una placa de piedra. El elemento de su sabiduría que no podían grabar en forma de mensaje jeroglífico es precisamente lo que le confiere significado al fin de nuestra actual era mundial. Gracias a su visión de la Tierra como un espejo del cosmos, consideraban el gran ciclo que termina en el 2012 como el fin de un período de incubación, como la «gestación» fractal de la conciencia humana descrita de manera tan hermosa por algunos autores como John Major Jenkins y José Argüelles. Del mismo modo que cualquier nacimiento es el final del embarazo y el comienzo de una nueva vida, los mayas veían nuestra transición al mundo posterior al 2012 como el comienzo de un nuevo ciclo de la historia que contiene todas las oportunidades descritas en este libro... y otras más.

Gracias a estas perspectivas, el solsticio del 21 de diciembre del 2012 se convierte en una poderosa ventana para la eclosión colectiva de nuestro mayor potencial. Ese momento es tan poco frecuente que nos hemos preparado para él desde el fin de la última era mundial, y pasarán otros veintiséis mil años antes de que nuestros descendientes tengan la misma oportunidad.

Código del tiempo 22: el 21 de diciembre del 2012 es una excepcional y poderosa ventana de oportunidades para la eclosión colectiva de nuestro mayor potencial.

Las posibilidades de esta eclosión nos hacen recordar los antiguos relatos del jardín del edén, un lugar que contuvo todas las posibilidades para el logro de nuestros mayores deseos y alegrías. Si creemos en lo que nos dicen los calendarios, mitos y profecías, después del 2012 nos espera algo semejante. Podemos crear un segundo edén que continúe allí donde terminó el primero.

De hecho, la Biblia sugiere que la última vez que hubo un edén en la Tierra fue hace unos cinco mil años, al final del último gran ciclo. Durante esa época, los habitantes del planeta tuvieron todo lo necesario para vivir en armonía con él, y disfrutar de una vida llena de vitalidad y salud. Nuestros antepasados que vivieron después del edén sembraron los eventos semilla para todo lo que sucedería en el siguiente ciclo, generando así los patrones que definen nuestro mundo actual. Algunos de estos, como el perdón y la paz, son recordatorios importantes de aquello que es posible en nuestras vidas, mientras que otros, como la traición y la guerra, se han convertido en los mayores desafíos que dividen a nuestros pueblos, familias y naciones.

Desde los ciclos del clima hasta el equilibrio de dióxido de carbono entre los océanos y la atmósfera, la naturaleza nos muestra que un patrón se repite hasta que otro nuevo lo reemplace. El cambio que acompaña a la convergencia de ciclos del 2012 es una oportunidad excepcional para eliminar algunos patrones que hemos cultivado desde épocas pasadas. Al mismo tiempo, es una oportunidad preciosa para establecer patrones nuevos y saludables con miras a nuestro futuro, al de nuestros hijos... y al de los hijos de nuestros hijos.

Teniendo en cuenta los crecientes desafíos que enfrenta nuestro mundo, es indudable que debemos cambiar como personas. ¿Aceptaremos que las mayores amenazas a nuestra forma de vida son realmente la «señal» que nos hace la naturaleza para adoptar una nueva forma de ser? A medida que somos testigos del caos que acompaña al alineamiento perfecto con el núcleo de nuestra galaxia, ¿estamos preparados para recibir el mayor regalo de todos: el cambio interior resultante de responder a los desafíos a los que nos enfrentamos con la cooperación y solidaridad propias de una forma de vida basada en el corazón? ¿Qué instrucciones sobre nuestro tiempo dejaremos a quienes vivan durante la próxima era mundial y nos consideren como sus antepasados?

Ya hemos respondido estas preguntas en nuestros corazones. Es el momento de vivir tal como hemos decidido a medida que pasamos del misterio del 2012 a una nueva era mundial. El escenario está listo. La elección es nuestra. El cosmos está esperando.

El tiempo es la sustancia de la que estoy hecho.
El tiempo es un río que me arrastra consigo, pero yo soy el río; es un tigre que me devora, pero yo soy el tigre; es un fuego que me consume, pero yo soy el fuego.

JORGE LUIS BORGES (1899-1986), escritor

Apéndice A

La calculadora del código del tiempo

La calculadora del código del tiempo es una herramienta sencilla que nos permite un acceso fácil a los patrones que se manifiestan como ciclos de la naturaleza, y que regulan gran parte del universo y de la vida. Esta herramienta nos permite observar la línea del tiempo de un modo que se asemeja en muchos aspectos a la visión de los profetas y de los antiguos observadores.

Así como los videntes con talento son capaces de identificar eventos que pueden ocurrir en un momento determinado, la calculadora del código del tiempo nos indica cuándo podemos esperar que se repitan las condiciones del pasado en el presente o en el futuro. El motivo por el cual este programa funciona se debe a la naturaleza repetitiva de los ciclos. Y como los ciclos de la historia están conformados por tiempo y espacio, cuando el tiempo se repite, las condiciones del espacio contenidas en él también se repiten.

Es importante enfatizar que así como la visión futura de un profeta o de un antiguo observador está sujeta a cambios en función de lo que suceda dentro de la línea del tiempo, la calculadora del código del tiempo no puede tener en cuenta los efectos de la conciencia y la elección; solo puede mostrarnos cuándo se repetirán las condiciones del pasado. Los resultados dependen de que estas condiciones se den o no. Las decisiones que tomemos durante la línea de tiempo del ciclo pueden crear un nuevo sendero y una línea de tiempo que produzca nuevos resultados. Esta es la magia de saber en qué parte de un ciclo nos encontramos. Lo que hace que la calculadora del código del tiempo sea tan útil es que además de avisarnos, para que podamos mantenernos alerta y saber qué esperar, también nos muestra cuándo tendremos mayores posibilidades de alcanzar el éxito. Es aquí donde la unión de la ciencia y la espiritualidad adquieren una aplicación práctica, diferente a cualquier cosa que hayamos visto en el pasado.

Si podemos utilizar la ciencia de los ciclos para identificar los momentos propicios para el cambio, y también las tradiciones espirituales del pasado para generar resultados pacíficos y reafirmantes de la vida, tendremos una forma nueva y eficaz de pensar en nosotros mismos y en nuestro mundo. Todo se basa en los ciclos y en sus posibilidades, en los patrones de la naturaleza que se pueden conocer y predecir.

Tres formas de utilizar la calculadora

Una vez comencemos a pensar en el tiempo en términos de ciclos repetitivos, los pasos para encontrar los puntos claves del cambio serán obvios. Si sabemos cuándo comienza el ciclo, cuándo termina y cuándo sucede el primer evento –evento semilla– que pone en marcha el patrón, seremos capaces de calcular los puntos de repetición del patrón determinado por el suceso para la parte del ciclo restante. Con unos cuantos cálculos sencillos, podemos utilizar la calculadora del código del tiempo como nuestra ventana a estos ciclos con uno de los tres modos posibles: modo 1, modo 2 y modo 3. Con cada uno de ellos, podremos responder una pregunta diferente.

Modo 1: ¿cuándo podemos esperar que algo que ha tenido lugar en el pasado suceda de nuevo?

En este modo, podemos identificar un evento semilla de nuestro *pasado* personal o colectivo, y calcular cuándo se repetirán las condiciones creadas por él. Puede tratarse de cualquier cosa –buena o mala–, desde las grandes alegrías del amor, el romance, el éxito y la paz hasta las grandes tragedias de la pérdida, el sufrimiento y la guerra.

Lo importante es que el evento semilla da comienzo al ciclo. A medida que este se repite a intervalos que siguen los ritmos de la misteriosa relación de phi (0,618), es posible aplicar este número a los eventos del pasado para descubrir cuándo podemos esperar que se repitan de nuevo las mismas condiciones. Ya dure un segundo o mil años, *dado que es un ciclo,* las condiciones que contiene se repetirán dentro del otro más prolongado que lo produjo: nuestra actual era mundial de 5.125 años de duración.

Modo 2: ¿qué fecha del pasado contiene las condiciones que podemos esperar en el futuro?

En este modo, podemos identificar un evento clave de nuestro futuro personal o colectivo, y mirar el pasado para encontrar la última vez que se dieron las mismas condiciones en el ciclo. El capítulo 6 explica esto utilizando la calculadora del código del tiempo a fin de identificar en términos realistas lo que podemos esperar en el 2012. Si utilizamos la relación phi descrita en el modo 1, podemos determinar una fecha concreta de nuestro pasado, que es la semilla de lo que se puede esperar en el 2012.

Los principios de los ciclos y del tiempo parecen ser universales.

Por esta razón, se aplican a aquello que sucede en nuestra vida personal, y también a lo que ocurre a escala global. El Modo 2 de la calculadora del código del tiempo es una herramienta útil que nos ayuda a identificar estos ciclos con precisión, y cuándo podemos esperar que las condiciones que experimentamos en un punto de nuestras vidas se repitan posteriormente.

He incluido las explicaciones y cálculos del modo 1 y 2 en esta sección de los apéndices para que la lectura del texto sea más fácil. Los cálculos y aplicación del modo 3 son un poco diferentes, pues no están relacionados con extensos ciclos de tiempo, como las eras mundiales de cinco mil años de duración. Más bien, fue diseñado para detectar patrones que ocurren dentro de un siglo aproximadamente, lo que equivale a la esperanza de vida humana. Dado que los cálculos son más breves y simples, y que muchos lectores querrán aplicarlos inmediatamente a sus propias vidas, los he incluido en el capítulo 5. Allí encontraréis los ciclos personales y las instrucciones para utilizar la calculadora del código del tiempo en el modo 3. A continuación ofrezco una breve explicación.

Modo 3: ¿cuándo podemos esperar que las condiciones de una experiencia personal, ya sea positiva o negativa, se repitan en nuestras vidas?

En el modo 3, podemos calcular las veces en que se repetirán las condiciones de una experiencia emocional que dejó una huella profunda en nuestro corazón. Las condiciones pueden ir de la alegría de un logro al dolor de una pérdida. La clave de este modo es que las experiencias que crean los sentimientos de mayor magnitud tienden a convertirse en eventos semillas de condiciones y patrones similares, y repetirse a intervalos cíclicos. Desde nuestros más grandes amores hasta los dolores más intensos, las experiencias de una época de la vida tienen un impacto sorprendente en otras relaciones una vez que ha sido sembrada la semilla.

Elaborando los programas del código del tiempo

La palabra «programa» sugiere que los cálculos realizados por la calculadora del código del tiempo son parte de un sistema automatizado, un *software* que lo facilita todo y realiza las operaciones matemáticas por nosotros. Y efectivamente, así es. Aunque en mi página www.greggbraden.com, hay una versión automatizada y fácil de usar de la calculadora del código del tiempo, los cálculos son tan sencillos que se pueden efectuar con cualquier calculadora casera.

Así como cualquier programa informático puede utilizar un algoritmo (el procedimiento paso a paso que informa al ordenador sobre cómo emplear un *software),* esto también puede hacerlo la calculadora del código del tiempo. En las siguientes secciones, encontrarás:

- Instrucciones paso a paso (un algoritmo) para cada modo.
- Instrucciones aplicadas a ejemplos reales discutidos en el libro, como los sucesos del 11 de septiembre del 2001 descritos en el capítulo 1.

Nota 1: conversión a fechas absolutas. Para facilitar el uso, las fechas «modernas» (gregorianas) se pasan a fechas absolutas en términos del ciclo en sí. Para aquellas posteriores al año 0, esta conversión se obtiene sumando 3113 (el número de años entre el comienzo del gran ciclo maya del 3114 a. de C. y el año 0) al evento semilla (ejemplo para el año 2012: 3113 + 2012 = 5125).

Nota 2: conversión de decimales en meses. Algunas de las fechas calculadas generan números a la derecha de la coma decimal. Estas son porciones (fracciones) del año indicado y pueden convertirse en meses para mayor precisión, utilizando la siguiente fórmula:

- (Número a la derecha del decimal/12) x 100 = porcentaje del año.
- (Porcentaje del año x 12)/100 = mes del año.

Ejemplo: el año 2001,8 equivale a (8/12) x 100 = 66,66% del año, o (66,66 x 12)/100 = mes 7,99 o agosto (redondeado). Lo importante es pensar en el decimal como una porción de los doce meses. Para efectos prácticos, incluyo una tabla de referencia con los cálculos decimales por mes para los números del 1 al 12.

PARTE DEL AÑO	MES EQUIVALENTE
,08	Enero
,16	Febrero
,25	Marzo
,33	Abril
,42	Mayo
,50	Junio

Parte del año	Mes equivalente
,58	Julio
,67	Agosto
,75	Septiembre
,83	Octubre
,91	Noviembre
,99	Diciembre

Nota 3: estas fórmulas calculan *zonas de tiempo* que posibilitan los sucesos, antes que la fecha y momento específico en que ocurrirán. De modo que, en nuestro ejemplo del 11 de septiembre del 2001 como una repetición del ciclo que comenzó en 1941, los cálculos muestran un lapso de treinta días entre el cálculo del código del tiempo y el evento. Lo importante es que la calculadora señale con claridad el momento del patrón repetitivo durante el ciclo de 5.125 años de duración. Tal como lo ilustran los puntos críticos del capítulo 7, las elecciones humanas pueden alterar el curso de los acontecimientos, incluso cuando las condiciones que los respaldan están presentes. Y este hecho es precisamente la razón por la cual la calculadora del código del tiempo resulta tan valiosa, pues nos avisa y nos dice cuándo esperar que se repitan esas condiciones.

Modo 1: ¿cuándo podemos esperar que algo que ha tenido lugar en el pasado suceda de nuevo?

Para responder esta pregunta, necesitamos dos datos:

- *Dato* 1: la fecha objetivo del pasado en que se dio un patrón obvio (la semilla).
- *Dato* 2: duración total del ciclo que nos dice dónde nos encontramos en el momento actual.

El algoritmo del código del tiempo descrito: aplicar siempre estos ocho pasos:

Paso 1: identificar la fecha moderna (gregoriana) del evento semilla.
Paso 2: pasar la fecha gregoriana a una fecha absoluta en términos del ciclo total. Este paso es opcional y se hace para facilitar los cálculos.
Paso 3: calcular la parte transcurrida del ciclo representado por el evento semilla (dividiendo la fecha absoluta por los años del ciclo).
Paso 4: calcular la relación phi de la parte transcurrida del ciclo (multiplicar por 0,618).
Paso 5: calcular el total del ciclo desde la semilla hasta el final.
Paso 6: aplicar la relación phi del ciclo transcurrido al total del ciclo para encontrar el intervalo en años entre la fecha semilla y la próxima repetición.
Paso 7: sumar el intervalo a la fecha absoluta para encontrar la próxima repetición (nueva fecha semilla).
Paso 8: pasar de nuevo a la fecha gregoriana.

El algoritmo del código del tiempo aplicado a las condiciones: utilizaremos cuatro ejemplos para demostrar los cálculos del código del tiempo para la repetición de condiciones.

Ejemplo 1: ¿cuándo podemos esperar que se repitan las primeras condiciones cíclicas de sorpresa y ataque a Estados Unidos?

- *Dato* 1: el año y mes objetivo del pasado en que se dio el primer patrón obvio de sorpresa y ataque a Estados Unidos (la semilla): **1941,99 (diciembre de 1941)**.
- *Dato* 2: la duración total del ciclo que nos dice dónde nos encontramos en el momento actual: **5.125 años**.

Paso 1: identificar la fecha moderna (gregoriana) del evento semilla (S_1).
1941,99
Paso 2: convertir el evento (S_1) a la fecha absoluta (A_1).
1941,99 + 3113 = 5054,99 (A_1)

Paso 3: calcular la porción transcurrida del ciclo (L_1) como la ratio de (A_1)/duración total del ciclo de 5.125.
5054,99/5125 = 0,986 (L_1)
Paso 4: calcular el phi (L_{1phi}) del ciclo transcurrido (L_1).
0,618 x 0,986 = 0,609 (L_{1phi})
Paso 5: calcular el total del ciclo (B_1) como la duración total del ciclo (A_1)
5.125 – 5054,99 = 70,01 años (B_1)
Paso 6: aplicar la relación phi del ciclo transcurrido (L_1) al total del ciclo (B_1) para encontrar el intervalo en años entre la fecha semilla y la próxima vez que se repetirá (I_1).
70,01 x 0,609 = 42,64 años (I_1)
Paso 7: sumar el intervalo (I_1) a la fecha semilla original para encontrar la próxima repetición (nueva fecha semilla).
5054,99 + 42,64 = 5097,63
Paso 8: pasar de nuevo a la fecha gregoriana.
5097,63 – 3113 = 1984,63 (agosto de 1984)

Significado: esta fecha equivale a agosto de 1984. La fecha del derribo del vuelo 007 de Korean Airlines y los eventos descritos en el capítulo 1 tuvieron lugar en septiembre de 1983, casi un año antes. El lapso comprendido *entre* septiembre de 1983 y febrero de 1984 está documentado como uno de los períodos más tensos de la guerra entre las dos superpotencias. Los documentos posteriores a la guerra fría revelan que fue precisamente durante esta época, y dentro de los treinta días de la fecha pronosticada por la calculadora del código del tiempo, cuando se planeó un ataque nuclear preventivo contra Estados Unidos.

Los cálculos del código del tiempo demuestran que los planes para un ataque sorpresa a Estados Unidos *–el primer fractal* del patrón creado en 1941– son parte de un patrón cíclico que se puede conocer y calcular. Tal como se muestra en el próximo ejemplo, el segundo patrón fractal ocurrió en septiembre del 2001.

Ejemplo 2: encontrar la fecha en la que podemos esperar que se repitan las segundas condiciones cíclicas de sorpresa y ataque a Estados Unidos.

- *Dato* 1: el primer año objetivo después de la semilla de 1941, cuando se dio un patrón obvio de sorpresa y ataque a Estados Unidos (la semilla): **1984,63 (agosto de 1984).**
- *Dato* 2: la duración total del ciclo que nos dice en dónde nos encontramos en el momento actual: **5125 años.**

Paso 1: identificar la fecha moderna (gregoriana) del evento semilla (S_1)
1984,63

Paso 2: pasar el evento (S_1) a una fecha absoluta (A_1)
1984,63 + 3113 = 5097,63 (A_1)

Paso 3: calcular la porción transcurrida del ciclo (L_1) como la relación de (A_1) / duración total del ciclo de 5.125.
5097,63/5125 = 0,995 (L_1)

Paso 4: calcular el phi (L_{1phi}) del ciclo transcurrido (L_1)
0,618 x 0,995 = 0,615 (L_{1phi})

Paso 5: calcular el total del ciclo (B_1) como la duración total del ciclo (A_1).
5125 – 5097,63 = 27,37 años (B_1)

Paso 6: aplicar la relación phi del ciclo transcurrido (L_1) al total del ciclo (B_1) para encontrar el intervalo entre la fecha semilla y la próxima repetición (I_1)
27,37 x 0,615 = 16,83 años (I_1)

Paso 7: sumar el intervalo (I_1) a la fecha semilla original (S_1) para conocer la próxima repetición (nueva fecha semilla).
5097,63 + 16,83 = 5114,46

Paso 8: convertir de nuevo a la fecha gregoriana.
5114,46 – 3113 = 2001,46 (junio del 2001)

Significado: esta fecha equivale a junio del 2001. Se sitúa dentro del rango del tiempo en el cual se cree que el ataque se encontraba en su fase de creación (seis meses antes de que ocurrieran los atentados al World Trade Center y al Pentágono). Solo hay una posibilidad entre 61.500, o un 0,0000162% de determinar que el 2001 sería el año de este ataque dentro de la actual era mundial.

EJEMPLO 3: encontrar la fecha en la que podemos esperar que se repitan las *terceras* condiciones cíclicas de «sorpresa» y «ataque» a Estados Unidos.

- *Dato* 1: el primer año objetivo después de la semilla de 1941, cuando se dio un obvio patrón de «sorpresa» y «ataque» a Estados Unidos: **2001,46 (junio del 2001)**.
- *Dato* 2: la duración total del ciclo que nos dice dónde nos encontramos en el momento actual: **5.125 años.**

Paso 1: identificar la fecha moderna (gregoriana) del evento semilla (S_1).
2001,46

Paso 2: pasar la fecha del evento (S_1) a la fecha absoluta A_1)
2001,46 + 3113 = 5114,46 (A_1)

Paso 3: calcular la porción transcurrida del ciclo (L_1) como la relación de (A_1) / duración total del ciclo de 5125.
5114,46/5125 = 0,998 (L_1)

Paso 4: calcular el phi (L_{1phi}) del ciclo transcurrido (L_1)
0,618 x 0,998 = 0,617 (L_{1phi})

Paso 5: calcular el total del ciclo (B_1) como la duración total del ciclo (A_1).
5125 – 5114,46 = 10,54 años (B_1)

Paso 6: aplicar la relación phi del ciclo transcurrido (L_1) al total del ciclo para encontrar el intervalo en años entre la fecha semilla y la próxima vez que se repetirá (I_1).
10,54 x 0,617 = 6,50 años (I_1)

Paso 7: sumar el intervalo (I_1) a la fecha semilla original (S_1) para encontrar la próxima repetición (nueva fecha semilla).
5114,46 + 6,50 = 5120,96

Paso 8: pasar de nuevo a la fecha gregoriana.
5120,96 – 3113 = 2007,96 (diciembre del 2007)

Ejemplo 4: encontrar la fecha en la que podemos esperar que se repitan las *cuartas* condiciones cíclicas de «sorpresa» y «ataque» a Estados Unidos.

- *Dato* 1: el primer año objetivo después de la semilla de 1941, cuando se dio un patrón obvio de «sorpresa» y «ataque» a Estados Unidos: **2007,96 (diciembre del 2007)**.
- *Dato* 2: la duración total del ciclo que nos dice dónde nos encontramos en el momento actual: **5.125 años**.

Paso 1: identificar la fecha moderna (gregoriana) del evento semilla (S_1).
2007,96

Paso 2: convertir el evento (S_1) a la fecha absoluta (A_1).
2007,96 + 3113 = 5120,96 (A_1)

Paso 3: calcular la porción transcurrida del ciclo (L_1) como la relación de (A_1) / duración total del ciclo de 5125.
5120,96 / 5125 = 0,999 (L_1)

Paso 4: calcular el phi (L_{1phi}) del ciclo transcurrido (L_1)
0,618 x 0,999 = 0,617 (L_{1phi})

Paso 5: calcular el total del ciclo (B_1) como la duración total del ciclo (A_1)J
5125 – 5120,96 = 4,04 años (B_1)

Paso 6: aplicar la relación phi del ciclo transcurrido (L_1) al total del ciclo para encontrar el intervalo en años entre la fecha semilla y la próxima vez que se repetirá (I_1).
4,04 x 0,617 = 2,49 años (I_1)

Paso 7: sumar el intervalo (I_1) a la fecha semilla original (S_1) para encontrar la próxima repetición (nueva fecha semilla).
5120,96 + 2,49 = 5123,45

Paso 8: convertir de nuevo a la fecha gregoriana.
5123,45 – 3113 = 2010,45 (junio del 2010)

Significado: esta fecha equivale a junio del 2010. Es la repetición del ciclo semilla «sembrado» en 1941, por lo cual se identifica también con una mayor oportunidad de subsanar las condiciones que condujeron a los eventos «semilla» iniciales. Las semanas y los meses anteriores a esta fecha contienen la mayor oportunidad para eliminar las tensiones y para la consecución de la paz desde la última repetición del 2007, hasta la próxima.

Modo 2: ¿qué fecha del pasado contiene las condiciones que podemos esperar en el futuro?

Para responder a esta pregunta, necesitamos dos datos:

- *Dato* 1: la fecha objetivo en el futuro en cuestión.
- *Dato* 2: la duración total del ciclo que nos dice dónde estamos en el momento actual.

El algoritmo del código del tiempo descrito: aplicar siempre estos cinco pasos:

Paso 1: identificar la fecha moderna (gregoriana) del evento semilla.
Paso 2: pasar la fecha gregoriana a una fecha «absoluta» en términos del ciclo total. Este paso es opcional y se hace para facilitar los cálculos.
Paso 3: calcular la relación phi de la fecha absoluta (multiplicar por 0,618).
Paso 4: restar la relación phi de la fecha a la fecha objetivo.
Paso 5: pasar de nuevo a la fecha gregoriana.

El algoritmo del código del tiempo aplicado a la fecha final del 2012: este es un ejemplo de cómo buscar las condiciones semilla en el pasado.

Ejemplo 1: encontrar la fecha del pasado que contenga las condiciones que podemos esperar para la fecha final del 2012.

- *Dato* 1: la fecha objetivo en cuestión: 2012.
- *Dato* 2: la duración total del ciclo que nos dice dónde nos encontramos en el momento actual: 5.125 años.

Paso 1: identificar la fecha moderna (gregoriana) de la fecha objetivo (T_1).
2012

Paso 2: convertir la fecha objetivo (T_1) a la fecha absoluta (A_1).
2012 + 3113 = 5125 (A_1)

Paso 3: calcular el phi (L_{1phi}) de la fecha absoluta (A_1)
0,618 x 5125 = 3167,25 (L_{1phi})

Paso 4: calcular la relación phi (L_{1phi}) de la fecha objetivo (A_1)
5125 – 3167,25= 1957,75

Paso 5: pasar de nuevo a la fecha gregoriana.
1957,75 – 3113 = 1155,25 (1155 a.C.)

Significado: el resultado de este cálculo es un número negativo, lo que indica que se trata de una fecha anterior a la época de Cristo en la notación histórica. Como vimos en el capítulo 6, este es precisamente el año del declive de la vigésima dinastía de Egipto, una de las civilizaciones más avanzadas de la Antigüedad. El paralelismo entre las condiciones del 1155 a. de C. y la conclusión del gran ciclo actual en el 2012 es inconfundible. Al aplicar el lenguaje de los ciclos de la naturaleza, la calculadora del código del tiempo identifica la fecha en los 5.125 años pasados que contienen la clave para lo que podemos esperar en un futuro cercano.

Apéndice B

Puntos críticos del futuro

Hemos visto cómo se repiten los ciclos del tiempo y los sucesos a intervalos rítmicos que siguen el misterioso número phi (0,618). De esa forma, podemos aplicar los eventos semilla que implican la mayor amenaza a nuestro mundo actual para descubrir cuándo se repetirán de nuevo las condiciones que los generaron. Podemos aplicar nuestro conocimiento de dichas condiciones como una oportunidad para evitar que vuelvan a tener lugar las del pasado.

Conocer cuándo pueden repetirse los patrones de las guerras mundiales del siglo XX nos ofrece la oportunidad de evitar nuevos conflictos basados en viejos patrones. Por ejemplo, si sabemos que nos encontramos en un año en el que se repite el ciclo que condujo a la Segunda Guerra Mundial, también sabremos que vivimos en una época en la que es aconsejable tener un mayor cuidado y sensibilidad para resolver los desacuerdos inevitables que surgen entre las naciones en materia de recursos, fronteras y derechos humanos.

Utilizando el modo 1 de la calculadora del código del tiempo, podemos identificar cuándo comienza un ciclo y calcular cuándo se repetirán en el futuro las condiciones creadas por dicho ciclo. Lo importante es saber que el evento semilla es el que da comienzo al ciclo.

Modo 1: ¿Cuándo podemos esperar que algo que ha tenido lugar en el pasado suceda de nuevo?

Para responder esta pregunta, necesitamos dos datos.

- *Dato* 1: la fecha objetivo en el pasado en que se dio un patrón obvio (la semilla).
- *Dato* 2: la duración total del ciclo que nos dice dónde estamos en el momento actual.

El algoritmo del código del tiempo descrito: aplicar siempre estos ocho pasos:

Paso 1: identificar la fecha moderna (gregoriana) del evento semilla.
Paso 2: pasar la fecha gregoriana a una fecha «absoluta» en términos del ciclo total. Este paso es opcional y se hace a fin de facilitar los cálculos. Para las fechas posteriores al año 0, la conversión se realiza sumando 3.113 (el número de años del ciclo de la era mundial de 5.125 años de duración, antes del año 0) al evento semilla (ejemplo para el año 2012: 3113 + 2012 = 5125).
Paso 3: calcular la porción transcurrida del ciclo representado por el evento semilla.
Paso 4: calcular la relación phi de la porción transcurrida del ciclo.
Paso 5: calcular el total del ciclo desde la semilla hasta el final.
Paso 6: aplicar la relación phi del ciclo transcurrido al total del ciclo, para encontrar el intervalo en años entre la fecha semilla y la próxima vez que se repita.
Paso 7: sumar el intervalo a la fecha absoluta para hallar la próxima repetición (nueva fecha semilla).
Paso 8: convertir de nuevo a la fecha gregoriana.

El algoritmo del código del tiempo aplicado a las fechas claves: utilizaré trece ejemplos para demostrar los cálculos del código del tiempo para los eventos futuros.

Ejemplo 1: encontrar la primera fecha de repetición del ciclo para las condiciones de 1945 (armas atómicas y fin de la guerra).

- *Dato* 1: la fecha semilla para la guerra mundial del siglo XX: **1945.**
- *Dato* 2: la duración total del ciclo, que nos dice en dónde nos encontramos en el momento actual: **5.125 años.**

Paso 1: identificar la fecha moderna (gregoriana) del evento semilla (S_1)
1945

Paso 2: convertir el evento (S_1) a la fecha absoluta (A_1)
1945 + 3113 = 5058 (A_1)

Paso 3: calcular la porción transcurrida del ciclo (L_1) como la relación de (A_1) / duración total del ciclo de 5.125.
5058 / 5125 = 0,987 (L_1)

Paso 4: calcular el phi (L_{1phi}) del ciclo transcurrido (L_1)
0,618 x 0,987 = 0,610 (L_{1phi})

Paso 5: calcular el total del ciclo (B_1) como la duración total del ciclo (A_1)
5125 – 5058 = 67 años (B_1)

Paso 6: aplicar la relación phi del ciclo transcurrido (L_1) al total del ciclo (B_1) para encontrar el intervalo en años entre la fecha semilla y la próxima vez que se repetirá (I_1).
67 x 0,610 = 40,87 años (I_1)

Paso 7: sumar el intervalo (I_1) a la fecha semilla original para encontrar la próxima repetición (nueva fecha semilla).
5058 + 40,87 = 5098,87

Paso 8: pasar de nuevo a la fecha gregoriana.
5098.87 – 3113 = 1985,87 (noviembre de 1985)

Ejemplo 2: encontrar la segunda fecha de repetición del ciclo para las condiciones de 1945 (armas atómicas y fin de la guerra).

- *Dato* 1: la fecha semilla para la guerra mundial del siglo XX: **1985,87**.
- *Dato* 2: la duración total del ciclo, que nos dice dónde nos encontramos en el momento actual: **5.125 años**.

Paso 1: identificar la fecha moderna (gregoriana) del evento semilla (S_1)
1985,87

Paso 2: convertir el evento (S_1) a la fecha absoluta (A_1)
1985,87 + 3113 = 5098,87 (A_1)

Paso 3: calcular la porción transcurrida del ciclo (L_1) como la relación de (A_1) / duración total del ciclo de 5125.
5098,87 / 5125 = 0,995 (L_1)

Paso 4: calcular el phi (L_{1phi}) del ciclo transcurrido (L_1)·
0,618 x 0,995 = 0,615 (L_{1phi})

Paso 5: calcular el total del ciclo (B_1) como la duración total del ciclo (A_1)
5125 – 5098,87 = 26,13 años (B_1)

Paso 6: aplicar la relación phi del ciclo transcurrido (L_1) al total del ciclo (B_1) para encontrar el intervalo en años entre la fecha semilla y la próxima vez que se repetirá (I_1),
26,13 x 0,615 = 16,07 años (I_1)

Paso 7: sumar el intervalo (I_1) a la fecha semilla original para encontrar la próxima repetición (nueva fecha semilla).
5098,87 + 16,07 = 5114,94

Paso 8: pasar de nuevo a la fecha gregoriana.
5114,94 – 3113 = 2001,94 (diciembre del 2001)

Ejemplo 3: encontrar la tercera fecha de repetición del ciclo para las condiciones de 1945 (armas atómicas y fin de la guerra).

- *Dato* 1: la fecha semilla para la guerra mundial del siglo XX: **2001,94**.

- *Dato* 2: la duración total del ciclo, que nos dice dónde nos encontramos en el momento actual: **5.125 años**.

Paso 1: identificar la fecha moderna (gregoriana) del evento semilla (S_1)
2001,94

Paso 2: convertir el evento (S_1) a la fecha absoluta (A_1)
2001,94 + 3113 = 5114,94 (A_1)

Paso 3: calcular la porción transcurrida del ciclo (L_1) como la relación de (A_1) / duración total del ciclo de 5125.
5114,94 / 5125 = 0,998 (L_1)

Paso 4: calcular el phi (L_{1phi}) del ciclo transcurrido (L_1)
0,618 x 0,998 = 0,617 (L_{1phi})

Paso 5: calcular el total del ciclo (B_1) como la duración total del ciclo (A_1)
5125 – 5114,94 = 10,06 años (B_1)

Paso 6: aplicar la relación phi del ciclo transcurrido (L_1) al total del ciclo (B_1) para encontrar el intervalo en años entre la fecha semilla y la próxima vez que se repetirá (I_1).
10,06 x 0,617 = 6,21 años (I_1)

Paso 7: sumar el intervalo (I_1) a la fecha semilla original para encontrar la próxima repetición (nueva fecha semilla).
5114,94 + 6,21 = 5121,15

Paso 8: pasar de nuevo a la fecha gregoriana.
5121,15 – 3113 = 2008,15 (febrero del 2008)

Ejemplo 4: encontrar la cuarta fecha de repetición del ciclo para las condiciones de 1945 (armas atómicas y fin de la guerra).

- *Dato* 1: la fecha semilla para la guerra mundial del siglo XX: **2008,15**.
- *Dato* 2: la duración total del ciclo, que nos dice dónde nos encontramos en el momento actual: **5.125 años**.

Paso 1: identificar la fecha moderna (gregoriana) del evento semilla (S_1)
2008,15

Paso 2: convertir el evento (S_1) a la fecha absoluta (A_1).
2008,15 + 3113 = 5121,15 (A_1)

Paso 3: calcular la porción transcurrida del ciclo (L_1) como la relación de (A_1) / duración total del ciclo de 5125.
5121,15 / 5125 = 0,999 (L_1)

Paso 4: calcular el phi (L_{1phi}) del ciclo transcurrido (L_1)
0,618 x 0,999 = 0,617 (L_{1phi})

Paso 5: calcular el total del ciclo (B_1) como la duración total del ciclo (A_1).
5125 – 5121,15 = 3,85 años (B_1)

Paso 6: aplicar la relación phi del ciclo transcurrido (L_1) al total del ciclo (B_1) para encontrar el intervalo en años entre la fecha semilla y la próxima vez que se repetirá (I_1)
3,85 x 0,617 = 2,38 años (I_1)

Paso 7: sumar el intervalo (I_1) a la fecha semilla original para encontrar la próxima repetición (nueva fecha semilla).
5121,15 + 2,38 = 5123,53

Paso 8: pasar de nuevo a la fecha gregoriana.
5123,53 – 3113 = 2010,53 (julio del 2010)

Ejemplo 5: encontra la primera fecha de repetición del ciclo para las condiciones de la guerra mundial que comenzó en 1914.

- *Dato* 1: la fecha semilla para la guerra mundial del siglo XX: **1914**.
- *Dato* 2: la duración total del ciclo, que nos dice dónde nos encontramos en el momento actual: **5.125 años**.

Paso 1: identificar la fecha moderna (gregoriana) del evento semilla (S_1)
1914

Paso 2: convertir el evento (S_1) a la fecha absoluta (A_1)
1914 + 3113 = 5027 (A_1)

Paso 3: calcular la porción transcurrida del ciclo (L_1) como la relación de (A_1) / duración total del ciclo de 5125.
5027 / 5125 = 0,981 (L_1)

Paso 4: calcular el phi (L_{1phi}) del ciclo transcurrido (L_1).
0,618 x 0,981 = 0,606 (L_{1phi})

Paso 5: calcular el total del ciclo (B_1) como la duración total del ciclo (A_1).
5125 – 5027 = 98 años (B_1)

Paso 6: aplicar la relación phi del ciclo transcurrido (L_1) al total del ciclo (B_1) para encontrar el intervalo en años entre la fecha semilla y la próxima vez que se repetirá (I_1)
98 x 0,606 = 59,39 años (I_1)

Paso 7: sumar el intervalo (I_1) a la fecha semilla original para encontrar la próxima repetición (nueva fecha semilla).
5027 + 59,39 = 5086,39

Paso 8: convertir de nuevo a la fecha gregoriana.
5086,39 – 3113 = 1973,39 (mayo de 1973)

EJEMPLO **6:** encontrar la segunda fecha de repetición del ciclo para las condiciones de la guerra mundial que comenzó en 1914.

- *Dato* 1: la fecha semilla para la guerra mundial del siglo XX: **1973,39**.
- *Dato* 2: la duración total del ciclo, que nos dice dónde nos encontramos en el momento actual: **5.125 años**.

Paso 1: identificar la fecha moderna (gregoriana) del evento semilla (S_1).
1973,39

Paso 2: convertir el evento (S_1) a la fecha absoluta (A_1)
1973,39 + 3113 = 5086,39 (A_1)

Paso 3: calcular la porción transcurrida del ciclo (L_1) como la relación de (A_1) / duración total del ciclo de 5125.
5086,39 / 5125 = 0,992 (L_1)

Paso 4: calcular el phi (L_{1phi}) del ciclo transcurrido (L_1)
0,618 x 0,992 = 0,613 (L_{1phi})

Paso 5: calcular el total del ciclo (B_1) como la duración total del ciclo (A_1)
5125 – 5086,39 = 38,61 años (B_1)

Paso 6: aplicar la relación phi del ciclo transcurrido (L_1) al total del ciclo (B_1) para encontrar el intervalo en años entre la fecha semilla y la próxima vez que se repetirá (I_1)
38,61 x 0,613 = 23,67 años (I_1)

Paso 7: sumar el intervalo (I_1) a la fecha semilla original para encontrar la próxima repetición (nueva fecha semilla).
5086,39 + 23,67 = 5110,06

Paso 8: convertir de nuevo a la fecha gregoriana.
5110,06 – 3113 = 1997,06 (enero de 1997)

Ejemplo 7: encontrar la tercera fecha de repetición del ciclo para las condiciones de la guerra mundial que comenzó en 1914.

- *Dato* 1: la fecha semilla para la guerra mundial del siglo XX: **1997,06**.
- *Dato* 2: la duración total del ciclo, que nos dice dónde nos encontramos en el momento actual: **5.125 años**.

Paso 1: identificar la fecha moderna (gregoriana) del evento semilla (S_1)
1997,06

Paso 2: convertir el evento (S_1) a la fecha absoluta (A_1)
1997,06 + 3113 = 5110,06 (A_1)

Paso 3: calcular la porción transcurrida del ciclo (L_1) como la relación de (A_1) / duración total del ciclo de 5125.
5110,06 / 5125 = 0,997 (L_1)

Paso 4: calcular el phi (L_{1phi}) del ciclo transcurrido (L_1)
0,618 x 0,997 = 0,616 (L_{1phi})

Paso 5: calcular el total del ciclo (B_1) como la duración total del ciclo (A_1)
5125 – 5110,06 = 14,94 años (B_1)

Paso 6: aplicar la relación phi del ciclo transcurrido (L_1) al total del ciclo (B_1) para encontrar el intervalo en años entre la fecha semilla y la próxima vez que se repetirá (I_1)
14,94 x 0,616 = 9,20 años (I_1)

Paso 7: sumar el intervalo (I_1) a la fecha semilla original para encontrar la próxima repetición (nueva fecha semilla).
5110,06 + 9,20 = 5119,26

Paso 8: pasar de nuevo a la fecha gregoriana.
5119,26 – 3113 = 2006,26 (abril del 2006)

Ejemplo 8: encontrar la cuarta fecha de repetición del ciclo para las condiciones de la guerra mundial que comenzó en 1914.

- *Dato* 1: la fecha semilla para la guerra mundial del siglo XX: **2006,26**.
- *Dato* 2: la duración total del ciclo, que nos dice dónde nos encontramos en el momento actual: **5.125 años**.

Paso 1: identificar la fecha moderna (gregoriana) del evento semilla (S_1)
2006,26

Paso 2: pasar la fecha del evento (S_1) a la fecha absoluta (A_1)
2006,26 + 3113 = 5119,26 (A_1)

Paso 3: calcular la porción transcurrida del ciclo (L_1) como la relación de (A_1) / duración total del ciclo de 5125.
5119,26 / 5125 = 0,999 (L_1)

Paso 4: calcular el phi (L_{1phi}) del ciclo transcurrido (L_1)
0,618 x 0,999 = 0,617 (L_{1phi})

Paso 5: calcular el total del ciclo (B_1) como la duración total del ciclo (A_1)
5125 – 5119,26 = 5,74 años (B_1)

Paso 6: aplicar la relación phi del ciclo transcurrido (L_1) al total del ciclo (B_1) para encontrar el intervalo en años entre la fecha semilla y la próxima vez que se repetirá (I_1)
5,74 x 0,617 = 3,54 años (I_1)

Paso 7: sumar el intervalo (I_1) a la fecha semilla original para encontrar la próxima repetición (nueva fecha semilla).
5119,26 + 3,54 = 5122,80

Paso 8: pasar de nuevo a la fecha gregoriana.
5122,80 – 3113 = 2009,80 (octubre del 2009)

Ejemplo 9: encontrar la quinta fecha de repetición del ciclo para las condiciones de la guerra mundial que comenzó en 1914.

- *Dato* 1: la fecha semilla para la guerra mundial del siglo XX: **2009,80**
- *Dato* 2: la duración total del ciclo, que nos dice dónde nos encontramos en el momento actual: **5.125 años**.

Paso 1: identificar la fecha moderna (gregoriana) del evento semilla (S_1)
2009,80

Paso 2: convertir el evento (S_1) a la fecha absoluta (A_1)
2009,80 + 3113 = 5122,80 (A_1)

Paso 3: calcular la porción transcurrida del ciclo (L_1) como la relación de (A_1) / duración total del ciclo de 5125.
5122,80 / 5125 = 1,00 (L_1)

Paso 4: calcular el phi (L_{1phi}) del ciclo transcurrido (L_1)
0,618 x 1,00 = 0,618 (L_{1phi})

Paso 5: calcular el total del ciclo (B_1) como la duración total del ciclo (A_1)
5125 – 5122,80 = 2,20 años (B_1)

Paso 6: aplicar la relación phi del ciclo transcurrido (L_1) al total del ciclo (B_1) para encontrar el intervalo en años entre la fecha semilla y la próxima vez que se repetirá (I_1)
2,20 x 0,618 = 1,36 años (I_1)

Paso 7: sumar el intervalo (I_1) a la fecha semilla original para encontrar la próxima repetición (nueva fecha semilla).
5122,80 + 1,36 = 5124,16

Paso 8: convertir de nuevo a la fecha gregoriana.
5124,16 – 3113 = 2011,16 (febrero del 2011)

Ejemplo 10: encontrar la primera fecha de repetición del ciclo para las condiciones del colapso económico que comenzó en 1929.

- *Dato* 1: la fecha semilla para el colapso económico del siglo XX: **1929,83**.
- *Dato* 2: la duración total del ciclo, que nos dice dónde nos encontramos en el momento actual: **5.125 años**.

Paso 1: identificar la fecha moderna (gregoriana) del evento semilla (S_1)
1929,83

Paso 2: convertir el evento (S_1) a la fecha absoluta (A_1)
1929,83 + 3113 = 5042,83 (A_1)

Paso 3: calcular la porción transcurrida del ciclo (L_1) como la relación de (A_1) / duración total del ciclo de 5125.
5042,83 / 5125 = 0,984 (L_1)

Paso 4: calcular el phi (L_{1phi}) del ciclo transcurrido (L_1)
0,618 x 0,984 = 0,608 (L_{1phi})

Paso 5: calcular el total del ciclo (B_1) como la duración total del ciclo (A_1)
5125 – 5042,83 = 82,17 años (B_1)

Paso 6: aplicar la relación phi del ciclo transcurrido (L_1) al total del ciclo (B_1) para encontrar el intervalo en años entre la fecha semilla y la próxima vez que se repetirá (I_1)
82,17 x 0,608 = 49,96 años (I_1)

Paso 7: sumar el intervalo (I_1) a la fecha semilla original para encontrar la próxima repetición (nueva fecha semilla).
5042,83 + 49,96 = 5092,79

Paso 8: pasar de nuevo a la fecha gregoriana.
5092,79 – 3113 = 1979,79 (octubre de 1979)

Ejemplo 11: encontrar la segunda fecha de repetición del ciclo para las condiciones del colapso económico que comenzó en 1929.

- *Dato* 1: la fecha semilla del colapso económico en el siglo XX: **1979,79**

- *Dato* 2: la duración total del ciclo, que nos dice dónde nos encontramos en el momento actual: **5.125 años**.

Paso 1: identificar la fecha moderna (gregoriana) del evento semilla (S_1)
1979,79

Paso 2: convertir el evento (S_1) a la fecha absoluta (A_1)
1979,79 + 3113 = 5092,79 (A_1)

Paso 3: calcular la porción transcurrida del ciclo (L_1) como la relación de (A_1) / duración total del ciclo de 5125.
5092,79 / 5125 = 0,994 (L_1)

Paso 4: calcular el phi (L_{1phi}) del ciclo transcurrido (L_1)
0,618 x 0,994 = 0,614 (L_{1phi})

Paso 5: calcular el total del ciclo (B_1) como la duración total del ciclo (A_1)
5125 – 5092,79 = 32,21 años (B_1)

Paso 6: aplicar la relación phi del ciclo transcurrido (L_1) al total del ciclo (B_1) para encontrar el intervalo en años entre la fecha semilla y la próxima vez que se repetirá (I_1)
32,21 x 0,614 = 19,78 años (I_1)

Paso 7: sumar el intervalo (I_1) a la fecha semilla original para encontrar la próxima repetición (nueva fecha semilla).
5092,79 + 19,78 = 5112,57

Paso 8: pasar de nuevo a la fecha gregoriana.
5112,57 – 3113 = 1999,57 (julio de 1999)

EJEMPLO 12: encontrar la tercera fecha de repetición del ciclo para las condiciones del colapso económico que comenzó en 1929.

- *Dato* 1: la fecha semilla del colapso económico en el siglo XX: **1999,57**.
- *Dato* 2: la duración total del ciclo, que nos dice dónde nos encontramos en el momento actual: **5.125 años**.

Paso 1: identificar la fecha moderna (gregoriana) del evento semilla (S_1)
1999,57

Paso 2: convertir el evento (S_1) a la fecha absoluta (A_1)
1999,57 + 3113 = 5.112,57 (A_1)

Paso 3: calcular la porción transcurrida del ciclo (L_1) como la relación de (A_1) / duración total del ciclo de 5125.
5.112,57 / 5125 = 0,998 (L_1)

Paso 4: calcular el phi (L_{1phi}) del ciclo transcurrido (L_1)
0,618 x 0,998 = 0,617 (L_{1phi})

Paso 5: calcular el total del ciclo (B_1) como la duración total del ciclo (A_1)
5125 – 5112,57 = 12,43 años (B_1)

Paso 6: aplicar la relación phi del ciclo transcurrido (L_1) al total del ciclo (B_1) para encontrar el intervalo en años entre la fecha semilla y la próxima vez que se repetirá (I_1).
12,43 x 0,617 = 7,67 años (I_1)

Paso 7: sumar el intervalo (I_1) a la fecha semilla original para encontrar la próxima repetición (nueva fecha semilla).
5112,57 + 7,67 = 5120,24

Paso 8: pasar de nuevo a la fecha gregoriana.
5120,24 – 3113 = 2007,24 (marzo del 2007)

EJEMPLO **13:** encontrar la cuarta fecha de repetición del ciclo para las condiciones del colapso económico que comenzó en 1929.

- *Dato* 1: la fecha semilla para el colapso económico del siglo XX: **2007,24**.
- *Dato* 2: la duración total del ciclo, que nos dice dónde nos encontramos en el momento actual: **5.125 años**.

Paso 1: identificar la fecha moderna (gregoriana) del evento semilla (S_1)
2007,24

Paso 2: convertir el evento (S_1) a la fecha absoluta (A_1)
2007,24 + 3113 = 5120,24 (A_1)

Paso 3: calcular la porción transcurrida del ciclo (L_1) como la relación de (A_1) / duración total del ciclo de 5125.
5120,24 / 5125 = 0,999 (L_1)

Paso 4: calcular el phi (L_{1phi}) del ciclo transcurrido (L_1)
0,618 x 0,999 = 0,617 (L_{1phi})

Paso 5: calcular el total del ciclo (B_1) como la duración total del ciclo (A_1)
5125 – 5120,24 = 4,76 años (B_1)

Paso 6: aplicar la relación phi del ciclo transcurrido (L_1) al total del ciclo (B_1) para encontrar el intervalo en años entre la fecha semilla y la próxima vez que se repetirá (I_1)
4,76 x 0,617 = 2,94 años (I_1)

Paso 7: sumar el intervalo (I_1) a la fecha semilla original para encontrar la próxima repetición (nueva fecha semilla).
5120,24 + 2,94 = 5123,18

Paso 8: pasar de nuevo a la fecha gregoriana.
5123,18 – 3113 = 2010,18 (marzo del 2010)

Apéndice C

Fechas de referencia para las condiciones del 2012

Utilizaremos el modo 2 de la calculadora del código del tiempo para identificar las últimas ocasiones en que se produjeron las condiciones de la fecha final del 2012. Teniendo en cuenta estas fechas, podemos utilizar el patrón creado en el capítulo 6 para hacer una comparación significativa de dichas ocasiones, pertenecientes a dos ciclos diferentes –el ciclo de la era mundial de 5.125 años de duración y el ciclo precesional de 25.625 años– para tener una idea de lo que podemos esperar en el 2012. Al igual que con los ejemplos de los apéndices A y B, los pasos del proceso son descritos con palabras, y van seguidos de los cálculos.

Modo 2: ¿qué fecha del pasado contiene las condiciones que podemos esperar en el futuro?

Para responder esta pregunta, necesitamos dos datos:

- *Dato* 1: la fecha futura en cuestión.
- *Dato* 2: la duración total del ciclo, que nos dice dónde nos encontramos en el momento actual.

El algoritmo del código del tiempo descrito: seguir siempre los cuatro pasos siguientes:

Paso 1: identificar la fecha moderna (gregoriana) del evento objetivo.
Paso 2: identificar la duración total del ciclo en años absolutos.
Paso 3: calcular el phi del ciclo total.
Paso 4: restar la fracción phi del ciclo (L_{1phi}) a la fecha objetivo (T_1)

EJEMPLO 1: encontrar la fecha en el ciclo de la era mundial de 5.125 años que contiene las condiciones que podemos esperar en la fecha final del 2012.

- *Dato* 1: la fecha futura en cuestión: **2012**.
- *Dato* 2: la duración total del ciclo, que nos dice dónde nos encontramos en el momento actual: **5.125 años**.

Paso 1: identificar la fecha moderna (gregoriana) de la fecha objetivo (T_1)
2012
Paso 2: identificar la duración total del ciclo en años absolutos (C_1)
5125
Paso 3: calcular el phi (L_{1phi}) del ciclo total (C_1)
0,618 x 5125 = 3167,25 (L_{1phi})
Paso 4: restarle el phi del ciclo (L_{1phi}) a la fecha objetivo (T_1)
2012 – 3167,25 = –1155,25 (1155 a. de C.)

EJEMPLO 2: encontrar la la fecha en el ciclo precesional de 25.625 años que contiene las condiciones que podemos esperar en la fecha final del 2012.

- *Dato* 1: la fecha futura en cuestión: **2012**.
- *Dato* 2: la duración total del ciclo, que nos dice dónde nos encontramos en el momento actual: **25.625 años**.

Paso 1: identificar la fecha moderna (gregoriana) de la fecha objetivo (T_1)
2012

Paso 2: identificar la duración total del ciclo en años absolutos (C_1)
25.625

Paso 3: calcular el phi (L_{1phi}) del ciclo total (C_1)
0,618 x 25625 = 15836,25 (L_{1phi})

Paso 4: restar la fracción phi del ciclo (L_{1phi}) a la fecha objetivo (T_1)
2012 – 15836,25 = –13824,25 (13.824 a. de C.)

Significado: el resultado de estos cálculos son números negativos, lo que indica que las fechas son anteriores a la era cristiana en la notación histórica. Las dos fechas de estos cálculos, 1155 a. de C. y 13.824 a. de C. son fechas de referencia de nuestro pasado que nos dicen dónde podemos encontrar las condiciones que pueden repetirse en el 2012. Los resultados de esta comparación están resumidos en la figura 15, en el capítulo 6.

Agradecimientos

El tiempo fractal es el resultado de una investigación de veintidós años de duración en busca del significado de los grandes cambios del mundo y de la vida. Durante ese tiempo, un incalculable número de personas contribuyeron directamente, y algunas veces indirectamente, a los conocimientos que hicieron posible este libro. Aunque tendría que escribir un volumen adicional para mencionarlas a todas, aprovecho esta oportunidad para expresar mi mayor gratitud a las siguientes personas:

A todo el personal de la editorial Hay House por todo lo que sabéis hacer tan bien; no podría encontrar un mejor grupo para trabajar, ni un equipo más entregado para ayudarme a compartir toda una vida de trabajo. Me siento orgulloso de ser parte de las cosas buenas que ofrecéis al mundo con vuestros esfuerzos.

Me siento especialmente agradecido a Louise Hay, presidenta fundadora, y a Reid Tracy, presidente y gerente, por su visión y dedicación a una forma realmente extraordinaria de hacer negocios que se ha convertido en el sello distintivo del éxito de Hay House. Reid, acepta una vez más mi más profunda gratitud por tu fe en mí y tu confianza en mi trabajo. A Jill Kramer, directora editorial, muchísimas gracias por tu honestidad impecable y la atención especial que dedicas a la creación de cada uno de nuestros libros. Aunque sé que tu agenda sigue estando repleta, siempre me sorprende la forma en que me respondes cada vez que te llamo, y cómo me haces sentir que soy la prioridad del día.

A Carina Sammartino, mi publicista; a Alex Freemon, mi *extraordinario* corrector; a Jacqui Clark, directora de publicidad; a Jeann Liberati, directora de ventas; a Margarete Nielsen, directora de marketing; a Christy Salinas, directora creativa; a Summer McStravick, directora de radio; a Nancy Levin, directora de eventos *por excelencia,* y a Rocky George, nuestro ingeniero de audio: mi mayor gratitud a todos vosotros y a cada una de las personas que trabajan con vosotros, por todo lo que hacen tan, tan bien. A Georgene Cevasco, gerente de publicaciones de audio de Hay House: muchas gracias por tu paciencia con mis horarios, por la experiencia y profesionalidad con que asumes cada una de nuestras grabaciones y especialmente por el regalo de tu amistad.

A Ned Levitt, mi agente literario: al decir simplemente «gracias», no logro expresar mi inmensa gratitud por el apoyo, la orientación y la integridad que me has mostrado en cada paso que has dado a mi lado. No solo aprecio profundamente tus acertadas sugerencias, sino que también me siento profundamente agradecido por tu confianza y amistad.

A Stephanie Gunning, mi editora: muchas gracias por tu brillante visión y tu paciencia con mis horarios siempre cambiantes, nuestras largas sesiones nocturnas y los cambios a última hora. Valoro mucho tus honestas opiniones, tu amistad y todo lo que haces para ayudarme a pulir mis palabras y respetar al mismo tiempo la integridad de mi mensaje.

A Lauri Willmot, gerente de mi oficina: hace más de once años comenzamos esta aventura sin saber a dónde nos conduciría. Ahora trabajamos en ciudades con diferentes zonas horarias, y en mundos muy distintos, pero sigues contando con mi admiración y mi mayor gratitud por tu disposición para adaptarte a los cambios. Muchas gracias por estar siempre disponible.

A Robin y a Jerry Miner, a todo el personal de Source Books, y a todos los afiliados que se han convertido en mi familia espiritual: mi mayor gratitud y sincero agradecimiento por permanecer a mi lado a lo largo de los años. Os quiero.

A Jonathan Goldman, mi hermano sagrado en espíritu y querido amigo en la vida: nos embarcamos juntos en la aventura de nuestro nuevo proyecto de trabajo, y valoro más que nunca el amor, la sabiduría y el apoyo que tú y Andi siempre me habéis ofrecido. Os quiero y os considero una de las mayores bendiciones de mi vida.

A mi querido amigo y hermano espiritual Bruce Lipton: me siento sumamente orgulloso de compartir contigo viajes y presentaciones por todo el mundo. Tus palabras de apoyo significan para mí más de lo que te imaginas, y los valiosos momentos que he pasado contigo y con Margaret son verdaderas bendiciones para mí. Os quiero a ambos, y es un honor especial consideraros mis amigos.

A Kennedy, mi amada esposa y compañera de mi vida: te amo profundamente y valoro tu corazón tan hermoso, el tiempo que pasamos juntos y la alegría que traes a nuestras vidas. Gracias por tu voluntad de aceptar cada día como una nueva aventura sin importar cómo se manifieste. Más importante aún, gracias por demostrarme que siempre crees en mí, y por hacerlo con el lenguaje de tu corazón.

Agradezco de manera muy especial a todas las personas que habéis apoyado nuestro trabajo, libros, grabaciones y presentaciones en vivo. Me siento honrado por vuestra confianza y visión de un mundo mejor. Gracias a todos vosotros, he aprendido a escuchar esas palabras que me permiten compartir nuestro mensaje liberador de esperanza y oportunidad. Siempre os estaré agradecido.

Notas

Introducccción

1. John Major Jenkins, *Maya Cosmogenesis 2012* (Rochester, VT: Bear & Company, 1998): p. 21.
2. T. J. Lazio y T. N. LaRosa, «Astronomy: At the Heart of the Milky Way», *Science* (4 de febrero del 2004): pp. 686-687. Para ver un resumen, visita la página http://scienceweek.com/2004/sw050415-5.htm.
3. El artículo original que describe el ciclo de 62 millones de años fue publicado en el 2004: Robert A. Rohde y Richard A. Muller, «Ciclos en la diversidad fósil», *Nature,* vol. 434 (10 de marzo del 2004): pp. 208-210. Versión no técnica, disponible en http://www.dailygalaxy. com/my_weblog/2007/07/the-milky-way-c.html.
4. El astrónomo serbio Milutin Milankovitch afirmó que las transformaciones lentas a lo largo de grandes períodos de tiempo en la órbita, inclinación y vibración de la Tierra influyen en los cambios climáticos a nivel cíclico. La página web de la Administración Nacional Oceanográfica y Atmosférica, "Teoría astronómica del cambio climático", ofrecida por el Centro Nacional de Información Climática en Ashville, Carolina del Norte, explora estas relaciones desde varias perspectivas: http://www.ncdc.noaa.gov/paleo/milankovitch.html.

5. Nuevas investigaciones sugieren que existe una relación directa entre los campos magnéticos del corazón humano y los de la Tierra. En compañía de su esposo, William Van Bise, la astrofísica y científica nuclear Elizabeth Rauscher investigó y desarrolló un detector sensible a los campos magnéticos capaz de medir las sutiles fluctuaciones de estos en la atmósfera terrestre. La información suministrada por los satélites *GOES* en el 2001 demostró que estos campos magnéticos están influenciados por los cambios de las emociones humanas a nivel colectivo. Estos descubrimientos han conducido a la hipótesis de que la comunicación entre el corazón humano y ciertas capas de la ionosfera se produce en dos sentidos: el campo influye en nosotros, y nosotros podemos influir en el campo. El Instituto HeartMath (fundado en 1991 como una entidad sin ánimo de lucro para explorar el potencial del corazón humano) ha iniciado un proyecto global para investigar esta exploración: la Iniciativa de Conciencia Global. Para más información, visita la página http://www. glcoherence.org.
6. Existen diversas traducciones del Mahabharata. Debido a su gran tamaño (más de cien mil versos), las traducciones suelen publicarse en secciones, de las cuales el libro clásico del Bhagavad Gita es el más conocido. Las citas utilizadas provienen del autor e investigador David Hatcher Childress, en referencia a la traducción de Charles Berlitz y su libro *Mysteries from Forgotten Worlds* (Nueva York: Doubleday, 1972). Childress, un veterano investigador y explorador, ha reunido un impresionante conjunto de pruebas que sugiere que en el pasado existieron avanzadas formas de tecnología. Este planteamiento se expone en su libro *Technology of the Gods: The Incredible Sciences of the Ancients* (Kempton, IL: Adventures Unlimited Press, 2000).
7. *Maya Cosmogenesis 2012,* pp. 106-114.
8. John Major Jenkins describe bellamente el alineamiento astronómico del 2012 en su publicación «¿Qué es el alineamiento galáctico?», que se encuentra en http://alignment2012.com/whatisGA.htm. Jenkins aborda la obra del astrónomo belga Jean Meeus, *Mathematical Astronomy Morsels* (Richmond, VA: Willmann-Bell, 1997).
9. T. S. Eliot, «Little Gidding», *Four Quartets* (Orlando: Harcourt, 1943): p. 49. Para leer el texto completo, visita la página http://tristan.icom43.net/ quartets/ gidding.html.

Capítulo 1

1. C. W. Ceram, *Gods, Graves & Scholars: The Story of Archaeology* (Nueva York: Alfred A. Knopf, 1951).
2. Robert R. Prechter, ed. *The Major Works of R. N. Elliott* (Nueva York: New Classics Library, 1980).
3. Desde su creación en 1947, la imagen del reloj del Juicio Final que registra la magnitud de las amenazas globales –nuclear, ambiental y tecnológica–, ha aparecido

en todas las portadas del *Bulletin of Atomic Sciences.* El reloj marca cinco minutos antes de medianoche (hora simbólica de la catástrofe). Página web: http://www.thebulletin.org/content/doomsday-clock/overview.

4. Robert M. Oates, *Permanent Peace: How to Stop Terrorism and War -Now and Forever* (Fairfield, IA: Institute of Science and Technology, and Public Policy, 2002): p. 35. Este libro es una versión revisada de *Creating heaven on Earth* del mismo autor y la misma editorial.

Capítulo 2

1. Robert Boissiere, *Meditations with the Hopi* (Santa Fe, NM: Bear & Company, 1986): p. 32.
2. Ibid., p. 32.
3. Ibid., p. 34.
4. Tomado de «Una intriga astrológica», un artículo publicado en la Red por Caroline Myss (22 de febrero del 2007): http:/www.myss.com/news/archive/2007/060907.asp
5. Ibid.
6. John Anthony West, *The Traveler's Key to Ancient Egypt* (Wheaton, IL: Quest Books, 1985): pp. 402-405.
7. R. A. Schwaller de Lubicz, *Saered Science: The King of Pharaonic Theocracy* (Rochester, VT: Inner Traditions, 1982): pp. 283-286.
8. *Maya Cosmogenesis 2012,* p. 330.
9. Richard L. Thompson, *Mysteries of the Sacred Universe: The Cosmology of the Bhagavata Purana* (Alachua, FL: Govardhan Hill Publishing, 2000): p. 225.
10. Ibid., pp. 229-230.
11. Ibid., p. 226.
12. Jnanavatar Swami Sri Yukteswar Giri, *The Holy Scienee* (Yogoda Satsanga Society of India, 1949).
13. David Frawley (Vamadeva Shastri), *Astrology of the Seers* (Twin Lakes, WI: Lotus Press, 2000).
14. Ibid.
15. Diferentes versiones de los Puranas enumeran las características de la vida durante el Kali Yuga. Estos ejemplos están tomados de traducciones del *Bhagavata Purana,* comenzando con el verso 12.2. Hay una versión disponible en http://www.vedaharekrsna.cz/encyclopedia/kaliyuga.htm.
16. *Mysteries of the Sacred Universe,* p. 212.
17. El Brahama Vaivarta Purana, uno de los dieciocho Puranas principales, describe esta época de una mayor devoción, que comienza cinco mil años después del nacimiento del Kali Yuga. Aparece en el verso 4.129.50. Se encuentran referencias a este ciclo en http://en.wikipedia.org/wiki/Kali_Yuga. La versión original en

sánscrito en formato pdf puede encontrarse en http://is1.mum.edu/vedicreserve/puran.htm
18. Página web del Departamento de Astronomía y Astrofísica de la Universidad de Villanova, sobre el *software* SkyGlobe: http://astro4.ast. vill.edu/skyglobe.htm.
19. Graham Hancock, *Heaven's Mirror: Quest for the Lost Civilization* (Nueva York: Three Rivers Press, 1999): p. 98.

Capítulo 3

1. «Miles de personas esperan un apocalipsis en el 2012», en referencia a un informe aparecido en ABC.news.com sobre sectas relacionadas con el fin del mundo en el año 2012, http:/news.aol.com/story/_a/thousands-expect-apocalypse-in-2012/20080706152409990001.
2. Ibid.
3. John Hogue, *Nostradamus: The Complete Prophecies* (Boston: Element Books, 1999): p. 798.
4. Ibid., p. 570.
5. Ibid.
6. Mark Thurston, *Millenium Prophecies: Predictions for the Coming Century from Edgar Cayce* (Nueva York: Kensington Books, 1997): p. 35.
7. Ibid.
8. Ibid.
9. Ibid., p. 110.
10. Charles Gallenkamp, *Maya: The Riddle and Rediscovery of a Lost Civilization* (Nueva York: Viking Penguin, 1999): p. 57.
11. Michael D. Coe, *The Maya* (Nueva York: Thames & Hudson, 1996): p. 47.
12. *Maya:The Riddle and Rediscovery of a Lost Civilization,* p. 57.
13. Michael D. Coe, *Breaking the Maya Code* (Nueva York: Thames & Hudson, 1999): p. 61.
14. Página web www2.truman.edu/_marc/webpages/nativesp99/aztecs/ aztec_template.html.
15. Página web www.astro.virginia.edu/class/oconnell/astr121/azcalImages.html.
16. *Maya Cosmogenesis 2012,* p. 23. Solo a comienzos del siglo xx, los expertos pudieron reconciliar las fechas indicadas en el calendario galáctico maya con las de nuestro calendario moderno. Incluso en la actualidad, existe una controversia en torno a la fecha exacta en que empieza el ciclo de 5.125 años del calendario maya. Después del estudio exhaustivo descrito en este texto, y de tener en cuenta los cambios y ajustes hechos por los romanos y la Iglesia cristiana primitiva, la fecha más aceptada del comienzo del gran ciclo maya es el año 3114 a. de C. Esta es la fecha referenciada por Jenkins en su trabajo y la que yo utilizo a lo largo de este libro.
17. Ibid., p. 2019.

18. Ibid., p. 330.
19. Citado en el artículo escrito por Gene Haagenson para ABC30.com. Versión en línea en http:/abclocal.go.com/ksfn/story?section=news/local&id= 5928063.
20. José Argüelles, *The Mayan Factor: Path Beyond Technology* (Santa Fe, NM: Bear & Company, 197): p. 145.
21. «Programa informático predice que la inversión del polo magnético terrestre y solar puede terminar con la civilización humana en el 2012», edición en línea del periódico *India Daily,* http://www.indiadaily.com/ editorial/1753.asp.
22. Citado en un artículo escrito por Gene Haagenson para ABC30.com. Versión en línea en http:/abclocal.go.com/ksfn/story?section=news/local&id=5928063.

Capítulo 4

1. Terence McKenna, *The Invisible Landscape: Mind, Hallucinogens, and the I Ching* (Nueva York: HarperOne, 1994) y *True Hallucinations: Being an Account of the Author's Extraordinary Adventures in the Devil's Paradise* (Nueva York: HarperOne, 1994).
2. Blog dedicado a Time Wave Zero 2012 de Terence McKenna: http://timewave.wordpress.com/2007 /12126/terrence-mckenna-timewavezero-2012.
3. Ibid.
4. Antes de su muerte, en el año 2000, McKenna trabajó con el matemático británico Matthew Watkins para identificar las fortalezas y debilidades de la teoría y cálculos del Time Wave Zero. El artículo, «¿Autopsia para una alucinación matemática?», con prólogo de McKenna, ofrece una evaluación honesta y recomendaciones que constituyen la base de posteriores revisiones realizadas por el físico John Sheliak, http://www.fourmilab.ch/rpkp/autopsy.html.
5. Página web http://www.valdostamuseum.org/hamsmith/2012.html
6. Edward Teller y otros, *Conversations on the Dark Secrets of Physics* (Cambridge, MA: Perseus Publishing, 1991): p. 2.
7. Seth Lloyd, *Programming the Universe: A Quantum Computer Scientist Takes On the Cosmos* (Nueva York: Alfred A. Knopf, 2006): p. 3.
8. Ibid.
9. Entrevista a Seth Lloyd, en la que describe el universo como un ordenador. Página web de la revista *American Scientist,* http://www.americanscientist.org/bookshelf/pub/seth-lloyd.
10. Genealogía de Paul Dirac, http://www.dirac.ch/PaulDirac.html.
11. Benoit Mandelbrot, *The Fractal Geometry of Nature* (Nueva York: W. H. Freeman, 1983).
12. «The Seed Salon: Benoit Mandelbrot y Paola Antonelli», *Seed* (abril del 2008). Página web: http://www.seedmagazine.com/news/2008/03/paola_antonelli_benoit_mandelb. php.
13. Dan Brown, *The Da Vinci Code* (Nueva York: Anchor Books, 2003): p. 93.

14. El número áureo entra dentro de una curiosa clase de números que se relacionan de forma recíproca, de tal forma que el valor de Phi con p mayúscula es 1,618, y su recíproco es phi con p minúscula, cuyo valor es 0,618. Podrás demostrar esta relación utilizando la fórmula 1 / Phi = phi. Si sustituimos los valores actuales, encontramos que 1 dividido por 1,618 = 0,618. Debido a esta relación, phi es llamado algunas veces la conjugación del número áureo.
15. Un número irracional es aquel que no puede expresarse como una fracción. El número pi, Π (3,14...), es un ejemplo de un decimal que, se cree, continúa indefinidamente sin repetirse.
16. El modelo del universo de Platón y el dodecaedro. Ver la página http://www.rn-lahanas.de/Greeks/PlatoSolid.htm.
17. «Física: la mecánica de Isaac Newton», en *Sobre la verdad y la realidad*, http://www.spaceandmotion.com/physics-isaacnewtons-mechanics.htm.
18. Herman Minkowski, *The Principle of Relativity: A Collection of Original Memoirs on the Special and General Theory of Relativity* (Nueva York: Dover, 1952): pp. 75-91. Fragmento en la página http://alcor.concordia.ca/~scol/seminars/conference/minkowski.html.
19. Alice Calaprice, ed., *The Expanded Quotable Einstein* (Princeton, NJ: Princeton University Press, 2000): p. 234.
20. Ibid., p. 238.
21. De un artículo escrito por Walter Isaacson (autor de *Einstein: His Life and Universe)*, «El mundo necesita más rebeldes como Einstein», *Wired,* edición 15.04 (marzo del 2007), http://www. wired.com/wired/archive/15.04/start.html.
22. B. S. DeWitt, «Teoría cuántica de la gravedad. 1. La teoría canónica», *Physical Review,* vol. 160, edición 5 (agosto de 1967): pp. 1113-1148.
23. Tim Folger, «Flash informativo: el tiempo podría no existir», *Discover* (junio del 2007): p. 78. Disponible en http:// 3/01/12article_view?b_stgart:int= l&-C=.
24. Benjamin Lee Whorf, *Language, Thought, and Reality, ed. por* John B. Carroll, (Cambridge, MA: MIT Press, 1964): pp. 58-59.
25. Ibid., p. 262.
26. Ibid.
27. Ibid., p. 59.
28. *The Expanded Quotable Einstein,* p. 75.
29. Página web http://lambda.gsfc.nasa.gov/product/cobe.
30. Donald Reed, «Investigación sobre campos de torsión», *New Energy News,* vol. 6, nº 1 (mayo de 1998): pp. 22-24. Disponible en http://www.padrak.com/ine/NEN_6_1_6.html.

Capítulo 5

1. Michael Drosnin, *The Bible Code* (Nueva York: Simon & Schuster, 1997): pp. 13-18.
2. Ibid., pp. 15-17.

3. Ibid., p. 19.
4. Ibid., p. 174.
5. Eric Hobsbawm, «Guerra y paz en el siglo XX», *London Review of Books* (21 de febrero del 2002). Las estadísticas de Hobsbawm muestran que para finales del siglo, más de 187 millones de personas –*lo cual representa más del 10% de la población mundial en 1913*– perdieron la vida a consecuencia de la guerra.
6. Zbigniew Brzezinski, *Out of Control: Global Turmoil on the Eve of the Twenty-First Century* (Nueva York: Simon and Schuster, 1995): p. 12.
7. Robert J. Hanyok, «Skunks, Bogies, Hounds, and the Flying Fish: The Gulf of Tonkin Mystery, 2-4 de agosto, 1964, *Cryptologic Quarterly,* National Security Agency. Página web:http://www.nsa.gov/vietnam/releases/relea00012.pdf.
8. Ibid.
9. Richard C. Cook, «Es oficial: el desplome de la economía estadounidense ha comenzado», página web del Centro de Investigación sobre la Globalización (subido el 14 de junio del 2007): http://www.globalresearch.ca/index.php?context=va&aid=5964.
10. Ibid.
11. Preston J. Miller, Thomas H. Turner y Thomas M. Supel, «La economía norteamericana en 1980: ondas expansivas de 1979», *Quarterly Review* 412 (invierno de 1980), página del Banco de la Reserva Federal de Mineápolis, http://www.minneapolisfed.org/publications_papers/pub_display.cfm?id= 137.

Capítulo 6

1. Richard Laurence, arzobispo de Cashel. *The Book of Enoch the Prophet* (San Diego: Wizards Bookshelf, 1995) p. iv.
2. Ibid., p. 111.
3. *Meditations with the Hopi,* p. 113.
4. J. R. Petit, J. Jouzel, D. Raynaud, N. I. Barkov, J. M. Barnola, I. Basile, M. Bender, J. Chappellaz, J. Davis, G. Delaygue, M. Delmotte, V. M. Koltyakov, M. Legrand, V. M. Lipenkov, C. Lourius, L. Pépin, C. Ritz, E. Saltzman y M. Stievenard, «Historia atmosférica y climática de los últimos 420.000 años del núcleo de hielo de Vostok, Antártida», *Nature,* vol. 399, nº 6735 (3 de junio de 1999): pp. 429-436.
5. Raimund Muscheler, Jurg Beer, Peter W. Kubik y H. A. Synal, «Intensidad del campo geomagnético durante los últimos 60.000 años basada en ^{10}Be y ^{36}Cl de las cúspides desde los núcleos de hielo y ^{14}C», *Quarterly Science Reviews,* vol. 24, ediciones 16-17 (septiembre del 2004): pp. 1849-1860. Este artículo describe la correlación entre la intensidad histórica del campo magnético terrestre y elementos específicos como ^{10}B, ^{36}Cl y ^{14}C, encontrados en la atmósfera capturada en los núcleos de hielo de la Antártida.
6. Charles A. Perry y Kenneth J. Hsu, «Evidencias geofísicas, arqueológicas e históricas respaldan un modelo de variación solar para el cambio climático», *Actas de*

la Academia Nacional de Ciencias de los Estados Unidos de América, vol. 97, nº 23 (7 de noviembre del 2000): pp. 12433-12438. Disponible en http://www.pnas.org/cgi/content/full/97/23/12433.
7. «Inversiones del campo magnético terrestre iluminadas por el estudio Lava Flows», *Science Daily* (26 de septiembre del 2008), http://www. sciencedaily.com/releases/2008/09/080926105021.htm.
8. R. A. Kerr, «El magnetismo produce una respuesta cerebral», *Science,* vol. 260, edición 5114 (11 de junio de 1993): pp. 1592-1593.
9. A. Jackson, A. R. T. Jonkers y M. R. Walker, «Cuatro siglos de variación geomagnética secular en los registros históricos», *Philosophical Transactions of the Royal Socíety A,* vol. 358, nº 1768 (15 de marzo del 2000): pp. 957-990, disponible en http://geomag.usgs.gov/intro. php#variation.
10. Versión en línea de la Advertencia sobre la Tormenta Solar de la NASA, disponible en http://www.science.nasa.gov/headlines/y2006/10mar_stormwarning.htm.
11. Ibid.
12. Versión en línea sobre la explicación de la NASA de la superposición de los ciclos solares 23 y 24, http://www.science.nasa.gov/headlines/y2008/28mar_oldcycle.htm.
13. Para obtener información sobre la técnica de mediciones VADM, «Campo de intensidad magnética durante los últimos 60.000 años, basado en ^{10}Be y ^{36}Cl, de los núcleos de hielo, y en ^{14}C» (ver la nota 5). Para dar un mayor significado a las listas del capítulo 6, las unidades de intensidad magnética están abreviadas para la lectura multiplicadas por 10^{22} metros amperio $(MA)^2$. Por ejemplo, la fecha de referencia del año 1155 a. de C. muestra una intensidad magnética de 10,5 unidades, o 10,5 x 1022 AM^2 .
14. *La luminosidad* –la irradiación de energía del sol– es medida como una lectura relativa de energía en términos de emisiones de fotones. La luminosidad del sol ha cambiado a lo largo de la historia y actualmente se cree que es de 3,839 x 10^{26} vatios. Las lecturas históricas referidas en el capítulo 6 son relativas a la luminosidad actual. Fueron extraídas por el autor del informe «Evidencias geofísicas, arqueológicas e históricas respaldan un modelo de variación solar para el cambio climático» (ver la nota 6).
15. Nuevas técnicas que relacionan las temperaturas con las características del núcleo de hielo han ofrecido registros sin precedentes de las temperaturas globales durante los últimos 420.000 años. La información para las comparaciones de temperatura que aparecen en el capítulo 6 han sido extrapoladas por el autor de «Historia atmosférica y climática de los últimos 420.000 años del núcleo de hielo de Vostok, Antártida» (ver la nota 4).
16. Sobre Paul La Violette, http://www.etheric.com/LaViolette/Predict.html.
17. «Campo de intensidad geomagnética durante los últimos 60.000 años basado en ^{10}Be y ^{36}Cl, de los núcleos de hielo, y en ^{14}C».

18. Jean-Pierre Valet, Laure Meynadier y Yohan Guyodo, «Intensidad geomagnética dipolo y tasa de inversión en los últimos dos millones de años», *Nature,* vol. 435, nº 7043 (9 de junio del 2005): pp. 802-805.

Capítulo 7

1. *The Bible Code,* p. 155.
2. Ibid., p. 177.
3. Sir John Hubert Marshall escribió una obra de tres volúmenes sobre los hallazgos de la excavación The Indian Archaeological Survey's: *Mohenjo-Daro and the Indus Civilization* (1931).
4. A. Gorbovsky, *Riddles of Ancient History* (Moscú: Soviet Publishers, 1966): p. 28.
5. *Meditations with the Hopi,* p. 12.
6. El mensaje del jefe Dan Evehema a la humanidad puede leerse completo en http://www.wolflodge.org/hopi.htm
7. *Meditations with the Hopi,* p. 112.
8. Ibid., p. 41.
9. Ibid., p. 113.
10. Ibid., p. 112.
11. El título de un artículo sobre el estudio realizado en 1998 por el Instituto de Ciencias Weizmann, en Rehovot, Israel, lo dice todo: «La teoría cuántica demostrada: la observación afecta a la realidad». En términos que se asemejan más a la hipótesis de un filósofo que a una conclusión científica, el estudio describe cómo nosotros influimos en la realidad simplemente al observarla. En lugar de estar separados de nuestro mundo y de todo lo que conforma la vida, el estudio demuestra que estamos íntimamente conectados con todos los aspectos de la existencia, desde el interior de nuestro cuerpo hasta todo lo que hay fuera de él. Nuestra experiencia de la conciencia, expresada como una sensación y una creencia, permite la conexión. En el acto de simplemente mirar el mundo, las sensaciones y creencias que tenemos mientras enfocamos nuestra concentración en las partículas que conforman el mundo hace que esas partículas cambien. E. Buks, R. Schuster, M. Heilblum, D. Mahalu y V. Umansky, «Dephasing in Electron Interference by a "Which-Path" Detector», *Nature,* vol. 391 (26 de febrero de 1998): pp. 871-874, resumido en el artículo «La teoría cuántica demostrada: la observación afecta a la realidad», http://www.sciencedaily.com/releases/1988/02/980227055013.htm.
12. Hugh Everett III fue el primer físico en observar las realidades paralelas, y propuso la teoría de los universos paralelos. En el estudio de 1957 citado aquí, llegó incluso a dar un nombre a los lugares del tiempo donde los eventos podrían cambiar. Llamó a estos intervalos de oportunidad «puntos críticos». Hugh Everett III, «Relative State' Formulation on Quantum Mechanics», *Review 01 Modern Physics,*

vol. 29 (1957): pp. 454-562.Versión en la red disponible en http://www.univer.omsk.su/omsk/Sci/Everett/paper1957.html.

13. De «Clímax de la humanidad», introducción de George Musser a la edición especial de la revista *Scientific American*: «Encrucijadas del planeta Tierra», publicada en septiembre del 2005, http:/www.sciam.com/sciammag/?contents=2005-09.
14. El Proyecto de Conciencia Global comenzó en 1998. En ese momento, una serie de generadores de números aleatorios (RNG) se instalaron por todo el mundo para detectar cambios en la conciencia global. Todos los RNG enviaron la información a través de Internet a un único ordenador de la Universidad de Princeton. La correlaciones específicas entre esta información, los datos del satélite *GOES* y el 11 de septiembre de 2001 pueden verse en la página web de Boundary Institute, una organización de investigaciones científicas sin ánimo de lucro, dedicada al avance de la ciencia del siglo XXI, http://www.boundaryinstitute.org/randomness.htm
15. Estudios dirigidos por el Instituto HeartMath confirman los cambios bioquímicos producidos en el cuerpo humano en respuesta al estrés. Los hallazgos originales se encuentran en Glen Rein, Mike Atkinson y Rollin McCraty, «The Physiological and Psychological Effects of Compassion and Anger», *Journal of Advancement in Medicine*, vol. 8, nº 2 (1995): pp. 87-105. La siguiente página web contiene un resumen de estos hallazgos y recomendaciones sobre cómo transformar el estrés: http://www.prwebdirect.com/releases/2008/10/prweb1415844.htm .
16. Para una mayor información sobre la hipótesis de la relación entre las emociones basadas en el corazón y los campos magnéticos de la Tierra, http://www.glcoherence.org/index.php?option=com_content&task=view&id030§ionid=4.
17. Citado por Howard Martin, vicepresidente ejecutivo para el desarrollo estratégico en HeartMath LLC, durante su presentación el 2 de diciembre del 2007, en San Francisco, California.
18. La coherencia entre el corazón y el cerebro puede lograrse como resultado de un cambio de conciencia en el corazón seguido de técnicas concretas de centramiento –un elemento clave de conciencia global–. Más información sobre coherencia corazón-mente, http://www.glcoherence.org/index.php?option=com_content&task=view&id030§ionid=4
19. Proyecto de Conciencia Global: http://noosphere.princeton.edu.

Sobre el autor

Gregg Braden, autor de exitosos libros presentes en la lista de *The New York Times,* es internacionalmente reconocido por su pionera labor de unir la ciencia y la espiritualidad. Trabajó como jefe de diseño de sistemas informáticos para Martin Marietta Aerospace, como geólogo digital para Phillips Petroleum y como gestor de operaciones técnicas para Cisco Systems. Lleva más de veinte años realizando investigaciones en monasterios de Egipto, Perú y el Tíbet, tratando de descifrar sus secretos eternos. Hasta el día de hoy, su trabajo le ha llevado a romper viejos paradigmas con libros tan innovadores como *El código de Dios, La matriz divina* y *La curación espontánea de las creencias.* Sus obras se han publicado en diecisiete idiomas y veintisiete países, y muestran más allá de cualquier duda que la clave de nuestro futuro está en la sabiduría de nuestro pasado.

Para mayor información, por favor, contacta con la oficina de Gregg Braden en:

Wisdom Traditions P.O. Box 6003 Abilene, TX 79608 (325) 672-8862

Página web: www.greggbraden.com

Correo electrónico: info@greggbraden.com

Índice